재밌어서 밤새 읽는
생명과학 이야기

재밌어서 밤새읽는
생명과학 이야기

하세가와 에이스케 지음 | 조미량 옮김 | 정성현 감수

더숲
THE SOUP

생물 현상에는 이유가 있다

우리는 고등학교 때 대개 생명과학 과목을 배운다. 생명과학 교과서에는 세포에서 시작해 생식과 발생, 유전, 자극과 동물의 반응, 내부 환경과 항상성, 환경과 식물의 반응 등의 내용이 실려 있다. 내용을 들여다보면 세포는 어떤 세포 내 소기관으로 구성되어 있는지 등으로 각각의 역할에 대해 자세히 설명한다.

그러나 지금 생명과학 교육은 각 항목이 어떤 관계인지 설명하지 않고 시험문제로 '세포 내 소기관의 하나인 미토콘드리아(mitochondria)의 역할은 다음 중 무엇인가?' 'TCA 회로(tricarboxylic acid cycle)에서 이탈되는 수소는 몇 개이고 이때 ATP 분자는 몇 개를 생산할 수 있는지 답하시오'와 같이 자세히 묻는다. 시험에서 좋은 점수를 받으려면 어쩔 수 없이 교과서의 내용을 전부 암기해야 한다.

생명과학 교과서는 다른 이과 과목인 물리, 화학, 지구과학에 비해 무척 두꺼운데, 이처럼 두껍다는 것은 외울 내용이 많다는 것이고 그래서 생물 과목을 싫어했던 사람도 있었을 것이다. 생명과학이 좋아서 공부하려는 사람마저도 고통을 느낀다면 얼마나 불합리한 일인가.

사실 생물 현상은 무척 다양하고 복잡하다. 생명활동은 물리와 화학의 기본법칙을 바탕으로 일어나며 자립적인 기능을 갖춘 생물과 환경이나 생물체와의 상호작용 결과로 일어나는, 말하자면 한 단계 수준 높은 생명 현상도 생명과학의 범위에 들어간다. 따라서 생명과학은 여러 현상에 대해서 설명해야 하고 그렇기 때문에 교과서가 두꺼워지는 건 어쩔 수 없는 일이기도 하다.

생물은 약 38억 년 전에 단 한 차례 지구에서 생성된 이래 오랜 진화 과정을 거쳐 현재의 다양한 모습으로 변화했다. 진화란 특정 원칙에 따라 진행되는 과정이다. 그렇다면 생물의 현기증 나는 다양성도 물리, 화학의 단순한 원리와 진화라는 하나의 흐름을 바탕으로 이해할 수 있다.

생물의 진화 원칙을 이해하고 물리와 화학의 원칙을 생물에서 볼 수 있는 현상과 연관 지으면 생물의 다양한 현상을 이해하기 쉽다. 사람은 무언가를 통째로 암기하는 것에 어려움을 느낀다. 생명과학과 함께 암기 과목의 대표라 불리는 역사도 어떤 사건이 일어난 연도를 숫자만 외우지 말고 의미로 외우면 기억하기 쉽다.

화학의 원소 원주율표도 노래를 부르며 '수헬리베붕탄질산…'으로 외운 사람이 많지 않았을까? 사람은 의미가 있는 것은 쉽게 외운다. 즉 어떤 의미가 있는지를 이해하면 잡다한 생명과학 지식도 외우기 쉬워진다.

생물 현상을 설명할 때 대부분은 생물이란 '어떻게 이루어져 있는가(How)'라는 주제로 시작한다. 이처럼 '어떻게'라는 의문은 과학 현상을 설명하는 중요한 두 요소 중 하나다. 실제로 근대 생명과학은 현미경을 발명한 로버트 훅(Robert Hooke : 1635~1703 영국의 물리학자)과 안톤 판 레이우엔 훅(Anton van Leeuwenhoek : 1632~1723 네덜란드 미생명과학자)이 생물 세포를 발견한 것에서 시작되었고, 그 이후 대부분의 연구들은 생명 현상이 어떻게 이루어지는지를 이해하려고 노력하는 과정이었다.

생물 현상을 설명하는 생명과학의 또 다른 요소는 '왜 이렇게 되었을까(Why)'다. 즉 각각의 현상이 어떻게 이루어져 있다 해도, 왜 그렇게 되었는가라는 의문은 '어떻게'와는 다른 관점으로 해석해야 한다. '왜'라는 관점으로 생물을 설명하려는 시도 중 하나가 찰스 다윈(Charles Robert Darwin)의 '진화론'이다.

생물이 살아가는 환경에 적합한 성질을 지닌 사실은 예전부터 알고 있었지만 왜 그런 성질을 지니게 되었는지는 다윈이 '자연선택의 원리'를 발견하기 전까지 알 수 없었다. 다윈은 동종 생물의 개체들이 조금씩 다른 성질을 지녔으며 환경에 더 적합한 생물이 살아남아 많은 자녀를 남김으로써 환경에 적응하는 성질로 바뀌게 된 것은 아닐까 생각했다.

이때 자연이 환경에 더 적합한 생물을 선택한 것이므로 '자연선택'이라고 이름 붙였다. 한마디로 '살아남기에 유리한 생물이 생존해 자녀를 남김으로써 지구상에 이런 생물만 존재하게 되는 것'이다. 이런 메커니즘은 생물이 신에 의존하지 않고 왜 환경에 적합한 성질로 진화해가는지를 처음으로 설명할 수 있었다.

그후 많은 연구를 통해 현실의 생물이 자연선택에 따라 적응하기 위해 진화했다는 것이 증명되었다. 그렇다면 다양한 생물 현상도 자연선택에 따라 진화라는 일관된 원리를 바탕으로 일어난다고 할 수 있다. 따라서 '왜'라는 것을 생각하면서 각 항목을 살펴보면 '어떤 현상이 왜 그렇게 되었는지'에 일관된 이유가 있다는 것을 알 수 있다.

그 이유를 알면 생물의 다양한 현상과 어떤 현상이 일어나고 어떤 결과가 나타나는지도 외우기 쉽게 정리할 수 있다.

또한 생물은 예전부터 현재의 인간처럼 다세포이며 복잡한 기관과 이를 제어하는 시스템을 지닌 것은 아니었다. 최초의 생명은 현재의 세포보다 그 구조가 훨씬 단순했다. 그러다가 진화 과정을 거쳐 서서히 복잡한 시스템을 지닌 생물이 등장했고 현재의 다양한 생물군이 탄생한 것이다.

생물은 더욱 합리적인 형태로 발전할 수 있었음에도 이전에 존재했던 시스템을 이용해 새로운 성질을 얻어나갔기 때문에 지금 따져보면 합리적이지 않을 때가 있다. 닥친 상황에 따라 모습을 변형시켰던 것이다. 따라서 현재 생물의 모습을 이해하려면 과거 생물 진화의 역사를 알아두는 것이 좋다.

이런 관점에서 생명과학을 정리해가면 생물 현상을 '암기'하는 것이 아니라 '이해'할 수 있다. 말장난도 의미가 있으면 외우기 쉬운 것처럼 생물 현상이 왜 그렇게 되었는지를 바탕으로 생각을 정리하면 전보다 생명과학을 이해하기가 훨씬 쉬울 것이다.

간단히 말하면 지금 생명과학 교과서는 생물을 관통하는 '진화'라는 축을 고려하지 않고 생물이 보여주는 현상을 따로따로 나열해 묶은 것이다. 이래서는 생물이 보여주는 현상을 이론을 바탕으로 '이해'하려 해도 이해할 수 없다.

학문이란 어떤 현상에 대해 체계적인 이론에 근거해 이해하려는 행위다. 그런 관점에서 보면 현재의 생명과학 교과서는 생물에 대해 소개하는 생물'학' 가이드에 불과하다.

이 책에는 생리학과 화학과 진화의 기본 법칙을 통해 생물의 다양한 현상을 어떻게 '이해'할 수 있는지에 대한 나의 생각이 담겨 있다. 나는 이 책의 독자를 예전에 생명과학을 배웠지만 암기할 것이 많아서 어렵다고 느꼈던 사람과 지금 생명과학을 배우면서 그 다양성에 혀를 내두르는 사람으로 설정했다.

생명과학이란 단순히 암기해야 하는 잡다한 지식을 모아둔 것이 아니다. 생물과 화학과 진화라는 원리가 뒷받침되어 그 법칙을 바탕으로 성립하는 종합적인 현상이다. 그러므로 그런 과정을 이해하고 왜 그렇게 되었는지를 알면 생물이 보여주는 현상이 머릿속에 쉽게 각인될 것이다.

이 책을 활용하는 방법은 여러 가지지만 저자인 나로서는 현재 생명과학을 공부하면서 어려움을 겪고 있는 사람에게 특히 도움이 되었으면 한다. 물론 나도 과거에 이 책에 적었듯 생물현상에 대해 이해했더니 생명과학 공부가 한결 수월해졌다.

그밖에도 이 책이 생명과학에 관심을 가진 모든 사람들에게 생명과학을 더욱 잘 이해할 수 있도록 도움을 줄 수 있길 바란다.

위키백과에서는 생명과학을 다음과 같이 정의하고 있다.

"생명현상을 과학적인 방법론으로 연구하는 것을 말하며, 생명공학과 비교되는 말로 생명과 관련한 순수한 자연의 발견과 탐구를 목적으로 한다."

그렇다. 생명과 관련된 모든 것! 생명과학은 탄생에서부터 시작하여 성장, 죽음에 이르기까지 생명의 모든 것을 포함한 학문이라고 할 수 있다.

이 책도 생명의 탄생에서 시작하여 세포, 물질대사, 번식과 유전이라는 생물의 모든 공통적인 요소들을 다루고 있다. 어쩔 수 없이 전문용어가 등장하긴 하지만, 재미있는 소주제들을 다양하게 선정하여 생명과학을 전공하지 않은 많은 일반인들이 쉽게 이해할 수 있도록 생명과학의 지식을 풀어냈다.

이 책은 일본과 한국의 교사들과 학부모, 청소년들 사이에서 많은 사랑을 받고 있는 '재밌어서 밤새 읽는' 시리즈의 여덟 번째 책이다. 이 시리즈는 화학, 물리, 수학, 지구과학과 같은 교과목 중심의 이야기들을 비롯해 공포, 인체 등 우리 주변에서 볼 수 있는 궁금하고 흥미로운 과학 이야기들을 다루고 있다. 특히 얼마 전에 출간된 『재밌어서 밤새 읽는 인체 이야기』는 『재밌어서 밤새 읽는 생명과학 이야기』와 맥을 같이 하는 책으로, 인체편이 인간 중심의 이야기들을 다루었다면, 이 책은 생명 전반에 걸친 좀더 포괄적인 내용을 다루고 있다.

1장 '생물은 합리적으로 행동한다'에서는 생명과학의 중요한 부분인 DNA이야기를 시작으로 에너지 전달까지를 다루고 있다. 2장 '누군가에게 말하고 싶어지는 생명과학 이야기'에서는 식물은 왜 초록색인가, 벌은 왜 협력하는가, 장기가 생기기까지 등 우리가 가질 수 있는 몇 가지 의문들로 흥미진진하게 이야기를 전개하였다. 3장 '재밌어서 밤새 읽는 생명과학'에서는 개미는 바보인데도 어떻게 가장 좋은 선택을 하는 것일까 등의 흥미를 유발할 수 있으면서도, 가장 기본적인 부분을 이야기 형식으로 써 내려가 쉽게 이해할 수 있도록 하였다.

현재 생명과학을 공부하면서 어려움을 느끼고 있는 학생들이라면, 생명과학의 원리를 체계적으로 풀어낸 이 책을 보면서 많은 도움을 얻을 수 있을 것이라 생각한다.

끝으로 이 책을 감수하면서 뉴클레오티드를 뉴클레오타이드로, 시토신을 사이토신으로, 라신을 라이신, 펩티드를 펩타이드 등으로 현재 우리 교과서에서 사용하는 용어로 수정하였다는 사실을 덧붙인다.

감천중학교 수석교사 / 이학박사 정성헌

Part 1 생물은 합리적으로 행동한다

Part 2 누군가에게 말하고 싶어지는
생명과학 이야기

Part 3 재밌어서 밤새 읽는 생명과학

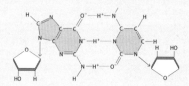

Part 1

생물은
합리적으로
행동한다

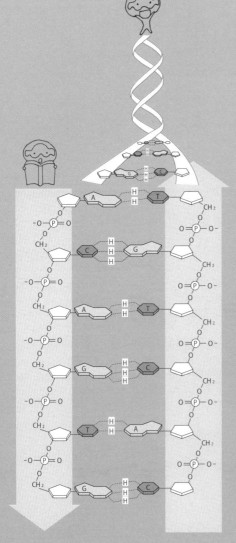

생명의 탄생은 단 한 번의 기적

 생명은 단 한 번 탄생해 진화를 거듭해왔다

생명이란 무엇인가?

살아 있다는 것은 어떤 의미일까?

이것을 이해하는 것이 생명과학의 가장 큰 목표지만 모든 사람이 동의하는 대답을 얻기란 불가능하다. 하지만 우리 대부분이 '생물'이라고 생각하는 것에는 다음과 같은 공통점이 있다.

① 세포라 불리는 작은 방으로 구성되어 있다.
② 외부에서 물질을 흡수해 물질대사를 한다.

③ 번식한다.

④ 유전물질을 지녔고 번식할 때 자녀에게 전달한다.

하지만 바이러스는 유전물질을 지녔고 번식하지만 스스로 물질대사를 하지 않고 유전물질과 자녀의 체내 합성에는 다른 세포의 물질대사계를 이용한다. 현재 생명과학계에서도 바이러스가 생명인지에 대해서는 학자들 사이에 의견이 분분하다.

단지 어떤 특정 화학반응을 하는 것은 생물이 아니지만, 또 다른 반응이 더해지면 생물이라고 말할 수 있으므로 그것에 따라 생물인지 아닌지를 결정한다.

이때 문제가 되는 것은 어떤 화학반응이 더해지면 생물이라고 하는가에 대해 모두가 고개를 끄덕일 만한 해답이 없다는 것이다. 해답이 있다면 바이러스가 생물인지 아닌지에 대해 벌써 결론이 났을 것이다.

생명과학의 분류란 늘 위와 같으며 모두의 의견이 일치하는 분류 방법이란 없다.

누군가는 앞에서 언급한 ①~④로 정의할 수 있지 않느냐고 물을지 모르겠다. 그러나 사자와 호랑이를 교배한 라이거나 타이곤은 번식할 수 없으므로 '생물이 아니다'라고 말하는 사람은 없다. 따라서 위의 네 가지 특징으로도 우리가 '살아 있다'고 생각하는 모든 생물을 아우를 수 없다. 일단 여기서는 바이러스와 라이거는 잠시 잊고 '유전물질을 지녔고 번식하며 물질대사계를 지닌 것'을 생물로 정의하자. 자립했으며 번식할 수 있는 것을 생각하면 된다.

현재 생명과학은 생명이 단 한 번 탄생했으며 최초의 생명이 진화를 거듭해 현재 볼 수 있는 여러 종의 다양한 생물을 만들어 냈다고 생각한다. 왜 이렇게 생각하는 걸까? 그 이유 중 하나는 생물의 몸을 만드는 모든 생물의 '유전정보' 구조가 공통되기 때문이다.

일부 바이러스를 제외한 모든 생물의 유전물질은 디옥시리보핵산(Deoxyribonucleic acid: DNA)이다. DNA는 '뉴클레오타이드(Nucleotide, 인산, 당, 염기로 구성되어 있다)'라고 불리는 화학 물질의 구성 단위가 긴 사슬처럼 연결된 구조를 지녔으며 각 뉴클레오타이드에는 하나의 염기가 붙어 있다. 뉴클레오타이드의 염기는 '아데닌(Adenine, A)', '구아닌(Guanine, G)', '사이토신(Cytosine, C)', '티민(Thymine, T)'으로 네 종류가 있으며 DNA 사슬은 이 네 종류의 염기가 가득 늘어서 있는 것이라 생각하면 된다.

자녀에게 전달되는 유전물질 DNA

DNA 사슬 어디에 유전정보가 담겨 있는 걸까? 이를 알려면 단백질에 대해 알아야 한다. 생물체는 거의 단백질로 이루어져 있으며 이 단백질은 DNA처럼 긴 사슬 구조를 지니고 있다. 하지만 DNA와 달리 아미노산이라 불리는 화학물질이 사슬 형태로 이어져 있다.

그리고 단백질에 사용되는 것은 무수한 아미노산 중 겨우 20종류뿐이다. 번식할 때 자녀에게 전달되는 것은 단백질이 아니라 DNA라는 것이 밝혀졌으며 자녀의 몸을 이루는 단백질은 모두 DNA에 담겨 있는 정보를 통해 만들어진다. 이렇게 DNA에서 단백질이 만들어지는 과정을 '유전정보 번역'이라고 하는데 염기에 담긴 DNA 정보가 아미노산의 연결로 변환되기 때문이다.

염기가 네 종류인 것은 한 염기만으로는 네 종류의 아미노산밖에 지정할 수 없기 때문이다. 20종류의 아미노산을 지정하기에는 한 염기로는 턱없이 부족하다. 염기가 두 개라도 4의 제곱만으로는 16종류밖에 지정할 수 없다. 따라서 20종류를 지정하려면 최소 세 개의 염기가 한 조가 되어야 한다는 걸 알 수 있다.

그렇다면 어떤 염기의 조합이 어떤 아미노산을 지정할까? 이는 아래와 같은 실험으로 확인할 수 있다.

인공적으로 AAAAAAAAA로 연결된 DNA를 만들고 번역하면 라이신(Lysine) – 라이신 – 라이신인 아미노산 사슬이 생성된다. 하지만 이것으로는 하나의 아미노산을 지정하는 것이 세 염기인지 네 염기인지 알 수 없다.

그래서 다음으로 ACCACCACC와 같은 다른 염기를 넣은 DNA를 만들어 번역했더니 트레오닌(Threonine) – 트레오닌 – 트레오닌이라는 아미노산 사슬이 생성됐다. 이것으로 하나의 아미노산을 지정하는 것은 세 가지 염기라는 것이 밝혀졌다.

그 이유는 무엇일까? 네 개의 염기가 하나의 아미노산을 지정

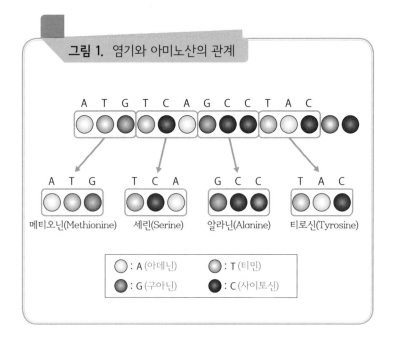

그림 1. 염기와 아미노산의 관계

한다면 AAGAAGAAGAAGAAGAAG의 배열은 AAGA - AGAA - GAAG - AAGA로 읽히고 아미노산1 - 아미노산2 - 아미노산3 - 아미노산1이 반복될 텐데, 실제로는 같은 아미노산이 반복되고 그 수는 '세 개의 염기가 하나의 아미노산을 지정하는 경우'가 된다. 앞의 〈그림 1〉을 참조하자.

이제 남은 것은 어떤 3개 조의 코돈(Codon, 3염기연쇄의 뉴클레오타이드 배열)이 어떤 아미노산을 지정하는지를 알아보는 것이다.

오랜 시간이 걸렸지만 학자들은 노력을 거듭해 4의 세제곱, 즉 64가지의 코돈이 어떤 아미노산을 지정하는지 조사했다. 그 결과 64가지의 코돈은 20종류의 아미노산과 번역 시작과 번역 종결의 22종류를 지정하고 있다는 것을 밝혀냈다. 64는 22보다 큰 수로 모든 코돈은 반드시 아미노산을 지정하고 있다는 것이 확인됐다.

 대부분의 생물은 코돈표가 같다

그것을 정리한 것이 코돈표라 불리는 코돈과 아미노산의 대응을 나타낸 표다. 생물 시간에 어느 코돈이 무엇을 지정하고 있는지 외운 경험이 있을 것이다.

그후 다양한 생물의 코돈표 해독이 이루어졌는데 대부분 생물의 코돈표가 같았다. 모든 생물이 20종류의 아미노산으로 단백질이 형성되어 있었고 이는 생명이 딱 한 번 탄생했으며 거기서 분화해 현재의 모습이 되었다는 생각을 뒷받침하는 근거가 되었다.

이외에 모든 생물의 세포막 구조 등이 공통적이라는 것도 생명이 한 번 탄생했다는 것을 나타내는 증거로 사용된다. 물론 생명이 두 번 이상 탄생했고 어떤 이유가 있어 현재 볼 수 있는 공통적인 면을 획득했다는 가설을 부정할 수는 없지만 두 번 이상 탄생했다는 증거가 있는 것은 아니다.

과학에는 '사고 절약의 원리(Principle of Parsimony)'라는 것이 있어 여러 가설을 세울 수 있는 경우 가장 간결한 가설을 채용하는 규칙이 있다. 그리고 그 가설을 부정할 수 있는 증거가 없으면 그대로 채용한다. 과학에서 말하는 사실이란 이처럼 현재 채용된 가설을 말하며 그것이 진짜로 맞는지는 보장하지 않는다.

여하튼 현재까지 밝혀진 증거에 따르면 생명은 한 번만 탄생했으며 진화를 거듭했다는 사실에 모순은 없다. 그렇다면 역시 모든 생명을 아우르는 공통된 원리가 있으며 다양한 생명 현상은 그 논리에 의해 성립된다고 할 수 있다.

전달되지
않는 것은
남지 않는다

 ## 생명에 유리한 것이 진화한다

'산다'는 것은 외부에서 에너지를 받아 물질대사를 통해 자신의 시스템을 유지하기 위해 자립적으로 활동하는 것을 말한다. 이는 모든 생물이 갖춘 성질이며 인간은 진화 과정을 거쳐 이런 현상을 '생물'이라고 인식하게 되었다.

그 이유는 이를 생물이라 여기지 않으면 위험한 상황을 피할 수 없거나 먹을 수 있는 것을 먹지 못하는 등 살아가는 데 크게 불리하기 때문이다. '유리한 것이 진화한다'라는 대원칙을 생각하면 우리가 당연시하는 생각조차 진화의 결과라 할 수 있다.

인간은 경우에 따라서 생명체가 아닌 것을 생물이라 느낄 때가 있다. 예를 들어 소니(Sony)가 개발한 동물형 로봇 아이보(AIBO)나 인간형 로봇 큐리오(QRIO)는 동물이나 인간과 형태가 매우 다름에도 마치 살아 있다고 생각한다. 그러나 최근 개발되고 있는 인간을 많이 닮은 로봇에게는 오히려 거리감을 느낀다. 이는 인간과 어설프게 닮은 외모는 도리어 사람에게 불쾌한 인상을 심어주기 때문이다. 이는 무척 흥미로운 사실이다.

점점 인간과 비슷한 외모의 로봇이 개발되고 있지만, 로봇에 대한 호감도는 어느 시점에서 급격히 떨어지는데 이런 현상을 '섬뜩한 계곡(The Uncanny Valley)'이라고 한다. 즉 '크게 다르면' 호감이 가지만 '조금만 다르면' 호감이 떨어지고 마는 것이다.

호랑이와 사자를 교배한 라이거와 타이곤 같은 종간잡종을 살아 있지 않다고 느끼는 사람은 없을 것이다. 이들이 외부에서 흡수한 에너지를 가지고 자립적으로 활동하기 때문이다.

라이거와 같은 교배종과 로봇은 번식해 자녀를 남길 수 없다. 그러나 번식하지 않음에도 우리는 이들이 살아 있다고 느낀다. 그렇다면 번식이란 생물에게 어떤 의미일까?

현재 알려진 모든 생물은 DNA(바이러스의 일부는 RNA＝리보핵산)라는 물질을 사용해 자신의 유전정보를 다음 세대에 전달한다. 예를 들어 박테리아는 두 개로 나뉘어 각각에 복제한 유전정보를 전달해 두 개의 개체가 된다. 인간을 포함해 수컷과 암컷을 지닌 유성생식 생물은 난자와 정자를 합체해 아버지와 어머니의 유전정보를 자녀에게 전달한다. 새로운 개체는 전달 받은 유전정보를 바탕으로 몸을 만들어 물질대사를 하고 새로운 생물로 활동을 시작한다.

즉 생물에게 번식이란 새로운 개체를 만들어내는 것이며 이를 위해 유전정보를 지닌 유전물질을 다음 개체에 전달해 생명활동을 전수한다. 유전정보를 전달하는 것은 살아가기 위한 물질대사 활동법을 전달하는 것이므로 매우 중요한 부분이다. 하지만 유전정보 전달에는 더욱 큰 생명과학적 의미가 있다. 이는 유전정보를 전달하는 생물에서만 진화가 일어난다는 사실이다.

 ## 피카추는 진화가 아니라 변태?

진화란 시간이 지나면서 생물의 성질이 변하는 것을 뜻한다. 애니메이션 〈포켓몬스터〉에서 피카추는 성장과 함께 피추, 피카추, 라이추로 능력이 변화하는데 애니메이션에서는 이를 '진화'라고 표현한다. 그러나 생명과학에서는 이와 같이 성장에 따라 능력이 변화하는 것을 진화라고 하지 않는다. 생명과학에서 진화란 세대를 넘어서 지금까지 존재하지 않았던 성질이 나타나는 것을 뜻하기 때문이다.

피카추의 '진화'는 매 세대 반복되는 변화로 생명과학에서는 '변태'라고 부른다. 개구리의 발생과정에 따라 올챙이에서 개구리가 되는 것과 같다. 그러나 생물의 성질이 유전정보로 정해지고 그 정보가 세대 간에 전달될 때 조금씩 변화하면 다음 세대에는 지금까지 존재하지 않았던 새로운 성질이 나타난다. 이것이 생명과학에서 말하는 진화다.

DNA나 RNA라는 핵산은 네 가지 염기배열법으로 어떤 유전정보가 담겨 있는지 정해져 있다. 자녀에게 전달되는 유전정보를 복제할 때 원 배열을 복사하는데 이때 매우 낮은 확률로 실수가 일어나기 때문에 복제된 것은 원래 있던 생물과 완벽히 일치하지 않는다.

따라서 현존하는 생물은 모두 진화한다. 주의해야 할 것은 유전물질이 완벽히 복사되어 몇 세대를 거쳐도 똑같다면 진화는 일어나지 않는다는 사실이다. 핵산의 염기배열 복사가 불완전하기 때문에 진화도 일어날 수 있다.

그렇다면 왜 모든 생물이 유전정보를 완벽히 전달할 수 없는 것일까? 여기에도 이유가 있을지 모른다.

다윈의 자연선택에 따르면 유전되는 성질에 변이가 생기고 이에 따라 살아남는 데 유리한 개체가 정해지면 유리한 타입이 세대를 거듭하면서 수를 늘려가 최종적으로 유리한 타입만 남는다는 것을 예측할 수 있다. 생물의 유전물질은 조금씩 변화해 매 세대 새로운 타입이 집단에 나타난다.

그중에는 지금까지 출현한 것보다 유리한 것도 있으므로 핵산을 유전물질로 삼는 생물은 점점 환경에 적합하게 진화해간다. 그렇다면 유전물질은 변하지 않지만, 번식도 하지 않고 죽지도 않는 '진화하지 않는 생물'도 진화하는 생물과 오랜 시간 경쟁하면 진화하는 생물이 점점 환경에 적응해가기 때문에 결국 '진화하지 않는 생물'은 경쟁에서 지고 만다.

따라서 '진화하지 않는 생물'이 만약 존재했더라도 이 생물은 경쟁에서 살아남을 수 없었을 것이다. 만화에는 영원히 죽지 않는 완벽한 생물이 등장하는데, 이 생물은 절대적이어야만 경쟁에서 살아남을 수 있으므로 그것은 결국 신이어야 한다.

설명을 덧붙이면 최초의 생물은 RNA를 유전물질로 사용했으며 나중에 안전성이 높은 DNA를 사용하게 되었다고 추측하고 있다. 현재 생명과학에서는 DNA의 복제가 완벽하지 않은 이유를 생리적, 화학적 한계 때문이라고 하는데, 완벽하게 복사하는 시스템은 진화할 수 없고 경쟁에서 이길 수 없기 때문이지 않을까? 모든 일에 이유가 있다면 생물은 일부러 실수하는 시스템을 선택해 계속해서 존재할 수 있는 길을 확보했을 것이다. 어쨌든 번식이란 세대를 잇는 행위이며 번식 덕분에 생물은 진화할 수 있다. 지금까지 말한 것을 정리하면 진화가 일어나는 조건은 세 가지다.

첫째, 세대 간에 정보를 전달할 것(유전)
둘째, 전달된 정보가 완전히 같지 않을 것(변이)
셋째, 변이체 간의 번식률에 차이가 있을 것(선택)

이중 첫째와 둘째를 만족하면 진화가 일어나며 셋째 조건이 더해지면 환경에 적응할 수 있다. 이 세 가지 조건을 만족하면 생물이 아니더라도 진화가 일어난다.

예를 들어 텔레비전에 자주 등장하는 '귓속말 전달게임'은 뒷사람에게 귓속말로 단어를 전달하며(유전) 그 과정에서 실수가 일어나(변이) 마지막에 처음 전달한 단어와 달라지는 흥미로운 게임으로 이는 단어의 진화다. 또한 예절이 전승되는 '다도'의 진화를 해석한 연구나 한 글자 한 글자 따라 쓰던 옛 사본의 진화를 재현한 연구도 이루어지고 있다.

이처럼 진화는 생물에 국한된 현상이 아니다. 앞서 설명한 세 가지 조건을 갖추면 적응진화가 일어날 뿐이다.

하지만 이 조건을 만족하지 않는 것은 진화하지 않는다. 진화했기에 경쟁에서 이겨 살아남을 수 있었던 생물은 반드시 '유전'이라는 시스템을 갖췄다. 그렇게 생각하면 유전이 왜 생명과학에서 중요한 항목인지를 이해할 수 있을 것이다. 그리고 유전물질이 자녀에게 전달될 때 자녀는 유전정보를 머리 꼭대기부터 발끝까지 모두 완비해야 한다. 그렇지 않으면 살아남을 수 없다.

이를 위한 구조는 생물의 종류에 따라 다르다. 예를 들어 박테리아 등은 현재의 유전물질을 두 개로 복제해 두 개로 나뉜 몸에 하나씩 넣어 부모와 같은 상태를 복원한다. 하지만 인간처럼 수컷과 암컷이 있는 생물은 처음부터 몸을 전부 만들 수 있는 유전정보 유전체(Genome)를 두 세트 지니고 있으므로 그중 한 세트를 난자와 정자에 전달해 수정을 통해 다시 두 세트로 만들어 부모와 같은 상태를 복원하는 시스템을 사용한다.

이 시스템을 이해하면 학창시절 무척이나 싫어했던 유전에 관한 문제도 쉽게 풀 수 있다. 어떻게 이해하는지는 나중에 설명하겠다.

생물은 탄생 이래 계속 유전 시스템을 활용해 적응진화를 거듭해왔다. 그리고 생물은 물질로 구성되어 있어 그 물질이 어떤 성질을 갖추고 있는지에 따라 적응에 제한이 있다.

그렇다면 이때 일어나는 현상은 반드시 진화로만 설명될 수 있다. 또한 사용되는 물질의 화학적 제약이나 몸의 강도 등에 따른 물리적인 행동의 한계가 생물 본연의 상태를 제약한다.

이런 제약 조건은 진화와 함께 변화하므로 생물이 나타내는 현상은 어쩔 수 없이 다양해진다. 그래도 이와 같은 물리적, 화학적 제약과 진화라는 원리가 생물에 공통된 원칙임은 틀림없다.

머리카락 색을 결정하는 유전자

복제할 때 실수가 일어나는 시스템은 반드시 진화가 일어난다. 다도 예절이나 귓속말 전달게임에서도 진화는 일어나지만 이야기가 복잡해지므로 여기서는 생명과학과 관련된 이야기만 하겠다. 유전과 변이가 일어나는 시스템에서는 상당히 단순한 메커니즘으로 진화가 일어난다.

예를 들어 인간을 포함해 이배체(염색체 조를 2개 가진 개체나 세포. 대부분의 고등식물이 이에 해당한다)인 생물 세포 내에는 유전체가 두 개이며 단백질을 만드는 유전자를 두 개씩 지니고 있다. 그리고 자녀를 만들 때 난자와 정자에 그중 하나를 전달한다. 난자와 정자가 합체(수정)하면 유전자는 다시 두 개로 되돌아간다. 모든 이배체 생물은 이런 방식으로 번식한다.

머리카락 색을 결정하는 유전자 중에서 머리카락이 검게 될 유전자를 B, 금발이 될 유전자를 G라고 하자. 아버지와 어머니 양쪽 모두 유전자형이 BG라면 어머니가 만드는 난자 안에는 B를 지닌 것과 G를 지닌 것이 1:1의 비율로 나타난다. 아버지가 만드는 정자도 마찬가지다. 이때 아버지와 어머니 양쪽의 유전자를 합치면 B와 G가 모두 두 개가 되어 표현되는 확률은 0.5가 된다.

그런데 이런 부모가 자녀를 만들면 자녀의 유전자형은 다음의 〈표 1〉과 같이 결정된다.

즉 BB:BG:GG = 1:2:1로 나타난다. 자녀를 많이 낳으면 자녀 중 B와 G의 빈도는 1:1이 되어 부모 세대와 변함없을 것이다.

그런데 부모가 자녀를 하나만 낳으면 그 아이가 BB일 확률은 4분의 1이며 GG일 확률도 4분의 1이므로 합계 2분의 1의 확률로 자녀 안에서 어느 한쪽의 유전자가 사라지고 만다. 집단유전학에서는 부모 세대와 자녀 세대에서 유전자가 나타나는 확률이 변화하는 것을 진화라고 부르므로 위와 같은 확률로 진화가 일어난다.

난자와 정자 안에 어느 유전자가 들어갈지는 우연히 결정되므로 확률적으로 반드시 변화가 일어난다. 이때 검은색이 유리한지 금색이 유리한지는 관계없다. 즉 진화의 세 번째 조건인 '선택'이 없어도 진화가 일어난다.

이 메커니즘은 다윈의 자연선택설이 발표된 한참 뒤에 일본의 집단유전학자 기무라 모토오(木村資生) 박사가 발견했다. 기무라 박사는 이를 '유전적 부동(Genetic drift)'이라고 이름 짓고 '자연선택'과는 다른 진화의 메커니즘이라고 주장했다. 이 메커니즘은

표 1. 머리카락 색을 결정하는 유전자형

		난자의 유전자	
		G	B
정자의 유전자	G	$\frac{1}{4}$ GG	$\frac{1}{4}$ BG
	B	$\frac{1}{4}$ BG	$\frac{1}{4}$ BB

처음 발표되었을 때 다윈의 진화론을 지지하는 학자들에게 엄청난 공격을 받았으나 지금은 자연선택과 함께 진화의 양대 메커니즘으로 인식되고 있다.

유전적 부동처럼 논리적으로 완벽한 이론도 모두에게 인정받기는 무척 어렵다.

 ## 생물은 왜 환경에 적합한 성질을 진화시키는가

유전적 부동으로도 진화는 일어나지만 '생물이 왜 환경에 적합한 성질을 진화시키는지'는 설명할 수 없다. 유전적 부동은 진화의 결과는 우연히 결정되고 그 성질이 환경에 유리한지 여부와는 관계가 없기 때문이다. 이를 설명하려면 '선택'이 필요하다.

생물이 살아가는 환경에 매우 적합한 성질을 지녔다는 것은 오래 전부터 알려져 있었다. 하지만 왜 이와 같은 성질을 지니게 되었는지는 설명할 수 없었다.

게다가 옛날에는 과학적인 사고도 할 수 없었기에 생물의 적응은 신의 위대함이라 해석했다. 즉 신이 모든 생물을 그들이 사는 환경에 맞게 창조했다는 것이다.

다윈이 태어난 시대에는 생물은 예전부터 현재의 형태로 살아왔으며 시간과 함께 변화한다는 생각은 신을 모독하는 것이라

간주했다. 그런 분위기 속에서 다윈은 남미로 탐험에 나선 비글호의 선장이자 의사인 로버트 피츠로이(Robert FitzRoy, 1805~1865)의 대화 상대가 되어 승선하게 되었고 마침내 갈라파고스 제도에 도착했다. 그곳에서 그는 섬에 사는 다양한 생물을 보았다.

갈라파고스 제도는 대륙에서 멀리 떨어진 섬들이었는데, 그곳에 사는 작은 새 핀치와 거대한 거북은 각기 섬의 환경에 적합한 모습을 하고 있었다. 예를 들어 단단한 나무 열매가 주식인 섬에 서식하던 핀치 새의 부리는 물건을 절단하는 공구인 펜치처럼 단단하고 두꺼웠으며, 선인장 아랫부분이 단단해 높이 있는 나뭇잎 등을 먹어야 하는 섬에 사는 거북은 목을 위로 뻗을 수 있도록 등껍질의 앞부분이 파여 있었다.

물론 이를 신의 섭리라고 생각할 수도 있었지만 다윈은 이 동물을 보고 한 가지 생각을 떠올렸다. 갈라파고스 제도는 대륙에서 멀리 떨어져 있으니 핀치와 큰 거북은 대륙에서 각각의 섬으로 왕래하지는 않았을 것이다. 대륙에서 한 번 섬으로 흘러들어와 섬에서 섬으로 이동했다고 생각하는 것이 자연스럽다. 그렇다면 거북과 핀치는 각각의 섬에서 그 환경에 맞게 형태를 바꾼 것이 아닐까?

여기에 더해 다윈은 당시 상류사회에서 유행한 비둘기 품종 개량 등의 지식을 바탕으로 다양한 특징을 가진 개체 중에서 한 특징을 지닌 생물을 선택해 교배를 반복했다. 이로써 그 특징을 확실히 지닌 품종을 만들 수 있다는 사실을 알게 되었다.

품종개량 때 생물을 선택해 교배하는 건 인간이지만 혹시 자연이 이와 같은 선택을 한다면 생물은 자연스럽게 진화하지 않을까? 그리고 그는 한 가지 생각을 추가한다. 생물이 낳은 자녀의 대다수는 잡아먹히거나 죽어 모두 어른이 될 수 없다는 아이디어다.

이와 함께 종별 개체 간에 다양한 특징을 지닌 개체가 존재한다는 사실을 생각하면 생물은 살아가는 환경 속에서 항상 같은 종의 다른 개체와 생존을 걸고 경쟁하는 셈이다. 예를 들어 발이 빨라서 살아남기 쉬운 성질을 지닌 개체는 그렇지 않은 개체보다 높은 확률로 살아남아 자녀를 많이 남길 것이다. 그 자녀 또한 발이 빠를 테니 그 종 전체에 발이 빠른 개체만 남게 될 것이다.

이처럼 환경에 적합한 성질을 지닌 개체는 자연스럽게 항상 선택을 받으며 생물은 점점 환경에 적합한 성질로 변화할 것이다. 다윈은 생존경쟁에 따른 자연선택을 발견한 것이다.

 ## 『종의 기원』으로 큰 반향을 일으키다
다윈은 매우 조심스런 성격으로 자연선택을 발표하기 전에 많은 생물을 관찰하고 자신의 생각으로 진화를 설명할 수 있는지 신중히 검토했다. 결국 그는 말년이 되어서야 자신의 생각을 『종의 기원(On the Origin of Species)』이라는 유명한 책으로 정리해 발표했다. 일설에 따르면 젊은 영국의 박물학자 앨프리드 월리스(Alfred Russel Wallace)가 똑같은 아이디어의 진화론을 영국 학술지에 투고한 소식을 들은 다윈이 준비하던 원고를 급히 발표했다고 한다.

어쨌든 자연선택설은 큰 반향을 일으켰다.

자연선택설은 신의 섭리를 염두에 두지 않아도 적응진화를 설명할 수 있었으므로 교회의 권위를 부정하는 셈이었고 이는 신에 대한 모독행위로 여겨져 당시 영국에서 큰 문제를 불러왔다. 당시 교회가 진화론에 반대한 것은 어찌 보면 당연하다. 인간은 신에게 선택받은 특별한 생물인 만물의 영장으로 다른 동물보다 위대한 존재라 생각했는데 자연선택설에 따른 진화론이 진짜라면 인간의 조상은 원숭이이기 때문이다.

당시 신문에는 원숭이 몸에 다윈의 얼굴을 붙인 풍자화가 게재되기도 했다. 소동이 점점 확대되어 결국 교회와 진화론자가 대결하는 날이 오고야 말았다. 교회에서는 새뮤얼 윌버포스(Samuel Wilberforce, 1805~1873) 대주교가, 병약한 성격의 다윈을 대신해서는 지인인 생명과학자 토머스 헉슬리(Thomas Henry Huxley,

1825~1895)가 등장해 대중 앞에서 대결했다.

대주교는 "여러분, 생각해보세요. 진화론이 진짜라면 우리 인간은 흉측한 원숭이에서 진화한 것이 됩니다. 그걸 인정할 수 있습니까?"라고 했고, 이에 헉슬리는 "논리적으로 생각해 맞는 것을 인정할 수 없다면 그런 인간이기보다 흉측한 원숭이인 편이 낫겠소"라는 말로 응수했다고 한다.

 ## 진화론과 핀치의 부리

평소에도 오만하게 설교하는 교회에 거부감을 갖고 있던 대중은 헉슬리에게 큰 박수를 보냈다고 한다. 이렇게 진화론은 사람들에게 서서히 인식되었고 학계에서도 자연선택설이 받아들여졌다.

자연선택설은 무척 간단한 가설이다. 유전, 변이, 선택이라는 세 조건을 만족하면 자동으로 환경에 적응해간다. 단지 이것뿐이다. 이론적으로 모순이 없으므로 실제로 생물이 이렇게 진화하는지만 알아보면 된다.

이를 조사하는 일은 무척 어려웠지만 20세기에 접어들어 확실한 증거가 여럿 나타났다. 그중 하나는 갈라파고스 제도의 핀치 새 연구를 통해 증명되었다. 섬별로 매년 씨앗의 단단함과 핀치 새 부리의 두께를 조사한 결과 환경 변화에 따라 씨앗의 단단함이 변화하자 다음해 핀치 새의 부리가 그에 적응한 형태로 변화했다는 것을 확인할 수 있었다. 그 원인이 '씨앗의 크기에 적합하지 않은 새는 쉽게 죽기 때문'이라는 것도 밝혀졌다.

자연 환경이 변화하면 이에 적합한 것만이 살아남는다는 사실로 적응변화가 일어난다는 것을 알 수 있다. 그후에도 몇 가지 생물을 통해 환경에 맞춰 진화가 이루어진다는 사실을 알 수 있었고, 현재 적어도 진화생물학자 중에서 자연선택을 의심하는 사람은 없다.

생물이 이 세상에 탄생한 것은 38억 년 전이라고 한다. 생물은 유전과 변이를 지닌 시스템으로 태어나 환경 속에서 살아왔다.

그렇다면 지금 존재하는 생물은 모두 38억 년 동안 적응을 거듭해온 셈이다. 현재의 생물이 나타내는 여러 현상을 단지 '암기'하지 말고 '이해'하려면 적응진화라는 하나의 축을 두고 생각해야 한다.

유전,
변이, 선택.
이것이
자연선택설의
포인트!

DNA는 왜
이중나선
구조인가

 왓슨과 크릭이 밝힌 이중나선

생물의 본질 중 하나인 '유전'을 담당하는 물질은 DNA다. DNA의 구조를 밝힌 생명과학자인 제임스 왓슨(James Watson)과 프랜시스 크릭(Francis Crick)은 그 발견으로 노벨 생리의학상을 받았다. 그들이 밝힌 DNA의 구조는 '이중나선'으로 이에 대해 들어본 사람도 많을 것이다.

다음의 〈그림 2 - 1〉은 DNA의 구조를 나타낸다.

DNA는 인산, 디옥시리보스 오탄당(탄소원자가 5개 있는 탄수화물의 일종으로 줄여서 당이라고 함), 염기로 구성되는 뉴클레오타이드의 결합

그림 2-1. DNA의 이중나선 구조

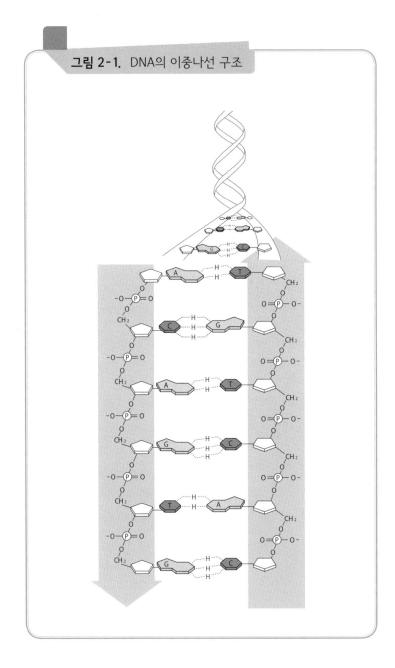

그림 2-2. DNA 염기쌍 구조

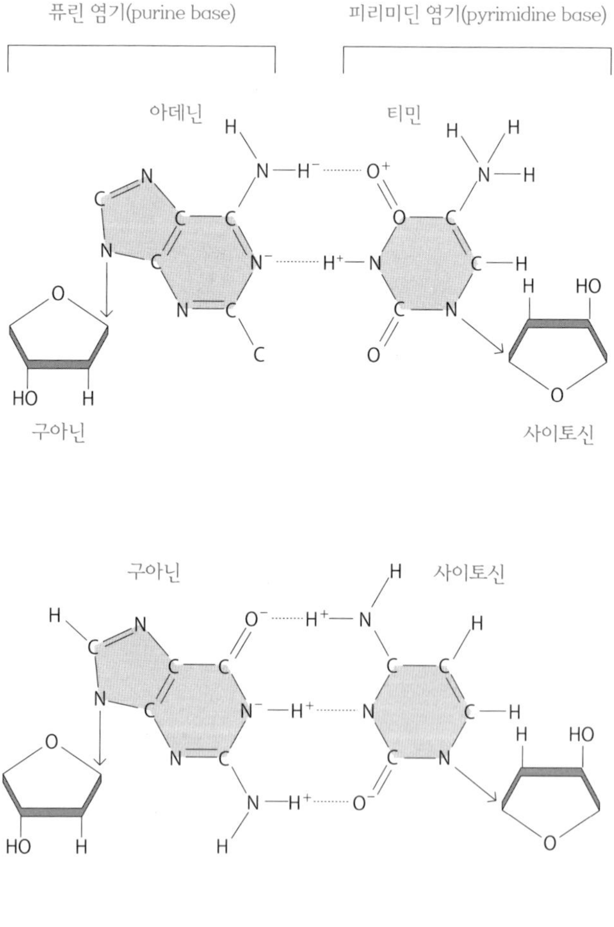

퓨린 염기(purine base)　　　　피리미딘 염기(pyrimidine base)

아데닌　　　　티민

구아닌　　　　사이토신

구아닌　　　　사이토신

44

체다. DNA는 이 가운데 오탄당의 다섯 번째 탄소가 다음 뉴클레오타이드의 세 번째 탄소와 연결된 것이 길게 늘어서 있는 구조를 이루고 있다. 하나의 뉴클레오타이드에서 아데닌(A), 구아닌(G), 사이토신(C), 티민(T) 중 하나의 염기가 돌출된 형태이고 이 염기가 쌍으로 마주하도록 반대 방향의 뉴클레오타이드 사슬이 있다. 또 두 양쪽 사슬이 염기 부분으로 마주보듯 연결되어 있다.

즉 긴 것은 사다리와 같은 구조를 지녔으며 염기가 쌍으로 마주보고 옆으로 쓰러진 모양새다. 이때 한쪽이 A면 반대편은 반드시 T, G면 반대편이 C가 된다. 여기서 A와 T는 2개의 수소결합(H)으로 연결되어 있고 G와 C는 3개의 수소결합으로 연결되어 있다.

 뉴클레오타이드의 사슬은 비틀 수 있다

뉴클레오타이드는 직선형이 아니라 나선형으로 꼬여 있다. 반대편 사슬은 반대 방향으로 나선을 그리며 두 개의 나선이 일정한 간격으로 쭉 이어져 있다. 따라서 '이중나선'이다. 쉽게 설명하면 사다리의 양쪽 봉을 잡아 비튼 모양이라 생각하면 된다.

이는 생명과학을 배울 때 반드시 외우게 되는데, 아마 '왜 비틀었을까? 사다리처럼 직선이라도 상관없지 않을까?' 하는 생각이 들었을 것이다. 하지만 모양이 직선이면 문제가 생긴다.

뉴클레오타이드의 본체 부분인 오탄당의 구조는 오각형이므로 다른 것과 연결되는 돌출 부분이 180도에 위치할 수 없다. 반드시 비틀어 각도를 만들어 연결해야만 한다. 각도가 있는 것을 길게 연결할 때 일정 주기로 나선을 말 듯 비틀면 마치 얇은 실로 짠 털실처럼 부드럽게 연결할 수 있다.

DNA에 담긴 단백질 설계도(유전자)는 보통 수백 개에서 2천 염기 정도의 길이다. 아마 긴 실처럼 만들기 위해 가능한 안정적인 구조를 지녀야 했기에 이중나선의 모양을 형성한 것이었을지도 모른다. 그런 의미에서 보면 이중나선은 최적의 상태라고 할 수 있다.

이 구조는 DNA의 중요한 역할을 보장하는데, 이는 다음에 살펴보자.

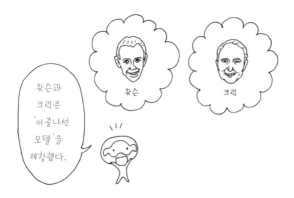

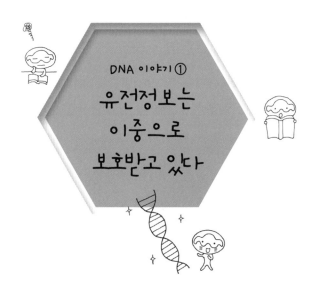

DNA 이야기 ①

유전정보는 이중으로 보호받고 있다

 DNA는 분해되기 어렵다

DNA 염기배열에는 단백질을 만드는 유전정보가 담겨 있다. DNA는 이중나선 구조이며 양쪽에 염기가 배열되어 있는데, 유전정보는 어느 한쪽에 담겨 있다. 반대쪽 염기배열은 유전정보의 뚜껑이라 할 수 있지만, 정확히 뚜껑은 아니다.

생물의 몸과 물질대사는 모두 유전정보에 따라 형태를 이룬다. 즉 유전정보가 모자라면 생물은 살아갈 수 없다. 당연히 유전정보를 잃어버리지 않는 것이 유리하다. 살아갈 수 없을 만큼 변이되거나 손실되면 도태되어 바로 집단에서 사라지므로 유전정보는 절대 잃어버려선 안 된다.

그럼 DNA는 어떻게 유전정보를 보호할까? 현재 첫 생물의 유전정보는 DNA가 아니라 뚜껑이 없는 한 줄기의 사슬 구조인 RNA(리보 핵산)라 여겨지고 있다. RNA의 사슬 구조는 DNA의 한쪽 사슬과 대부분 똑같지만 다른 부분이 한 곳 있다. 뉴클레오타이드의 핵인 오탄당 부분으로 DNA에서는 산소와 수소가 결합한 OH가 붙어 있는 곳에 수소 H가 붙어 있다.

또한 DNA에는 티민(T)이라는 염기가 사용되는 것에 비해 RNA는 우라실(U)이라는 염기가 사용된다. 차이는 이것뿐이지만 DNA와 RNA는 크게 다른 점이 있다. 이는 안정성이다.

RNA는 DNA에 비해 훨씬 분해되기 쉽다. 이는 DNA의 오탄당 부분에 붙어 있는 H가 화학적으로 안정적인 반면, RNA의 같은 위치에 있는 산소가 다른 물질과 쉽게 반응하기 때문이다.

RNA가 분해되기 쉬운 이유는 한 가지 더 있다. 박테리아에 기생해 번식하는 바이러스는 RNA를 유전물질로 사용하기도 하는데, 침투한 바이러스 RNA를 분해하기 위해 박테리아는 RNA를 파괴하기 위한 단백질(효소)을 많이 만든다. 따라서 체외에서 RNA는 쉽게 분해된다. 실제로 핵산을 추출하는 실험에서도 RNA를 다룰 때는 세심한 주의를 기울여야 한다.

DNA로 유전정보가 보호되는 첫 번째 이유는 분해되기 어렵다는 데 있다. 쉽게 분해되면 유전정보 자체가 사라진다. 이는 생물이 가장 피해야만 하는 현상으로 이미 앞에서 설명했다. 처음에 RNA에 있던 유전정보가 DNA로 바뀌게 된 이유는 유전정보의 안정성을 높이기 위한 적응이라고 추측할 수 있다.

 ## DNA와 RNA의 차이점

DNA에 있는 유전정보가 RNA의 것보다 더 안전하게 보호되는 이유가 한 가지 더 있다. 이는 DNA만이 가진 유전자 뚜껑의 존재다. DNA는 이중나선 구조로 서로의 염기가 상호보완적(A-T, G-C 조합)이라 실질적으로는 같은 정보가 두 개의 사슬 모두에 존재한다. 유전자가 해독되고 단백질에 번역되는 것은 한쪽 사슬뿐이지만 뚜껑에도 같은 정보가 담겨 있다.

DNA가 번역되었을 때 두 개의 사슬이 풀려 한쪽의 배열이 해독된다. 이때 해독된 사슬이 손실되어도 뚜껑 부분이 남아 있으면 이를 통해 원래 정보를 복원할 수 있다. 이는 한 개의 사슬인 RNA로는 불가능하다.

생명의 설계도인 유전정보는 위와 같이 DNA를 사용해 이중으로 보호되고 있다.

DNA 이야기 ②

염기쌍과 '사다리 이론'

DNA의 세로봉과 가로봉

DNA는 이중나선 구조다. 이때 DNA의 한쪽 사슬은 오탄당을 핵으로 한 '뉴클레오타이드'라는 단위가 사슬 형태로 이어져 있으며 두 개의 사슬 사이에는 염기쌍이 형성되어 있다. 이렇게 염기쌍으로 이어진 이중나선은 마치 긴 사다리를 비튼 모양을 하고 있다.

DNA에 담긴 유전정보는 세 개의 염기가 하나의 아미노산을 지정하도록 되어 있으며 아미노산이 이어진 하나의 단백질은 몇 백 개의 아미노산으로 구성되어 있다. 즉 하나의 유전자를 만드는 데는 세 배의 염기쌍이 필요하다. 간단히 말하면 DNA는 길어야만 충분히 역할을 해낼 수 있다.

RNA와 같이 사슬이 하나면 아무리 길어도 문제가 없지만 사슬이 두 개라면 이야기가 달라진다. 안정된 상태로 길어지려면 양쪽의 사슬이 일정 간격으로 떨어져 있어야 한다. 따라서 '사다리' 모양을 띤다. 사다리는 두 개의 세로봉이 평행으로 놓여 있고 그 사이에 일정한 길이의 가로봉이 박혀 있는 모양으로 이루어져 있다.

이 구조는 수학적으로도 타당한데 그 이유는 두 개의 세로봉을 사용해 길게 만들려면 세로봉 사이가 '평행해야 하기 때문'이다. 평행이 아니면 언젠가 그 끝이 서로 만나게 되어 길어질 수 없다.

 ## DNA는 무한히 길어질 수 있다!?

DNA에서 세로봉 역할을 하는 것이 뉴클레오타이드 사슬이며 가로봉 역할을 하는 것이 염기쌍이다. 뉴클레오타이드 사슬은 나선처럼 비틀 수 있는데 두 개의 나선이 평행이 되면 일정 간격을 유지하며 계속 길어진다.

또한 가로봉인 염기쌍에는 탄소를 다섯 개 지닌 오각형의 5원자고리(아데닌, A)와 여섯 개의 탄소로 구성된 6원자고리(구아닌, G)가 결합한 퓨린 염기(A, G)와 6원자고리(사이토신 C, 티민 T)로 구성된 피리미딘 염기(C, TT)가 반드시 마주보며 항상 일정한 간격을 유지한다(43쪽의 〈그림 2 - 1〉 참조).

염기쌍의 조합은 반드시 A - T, G - C인 것으로 밝혀졌다. 퓨린 염기와 피리미딘 염기가 쌍을 이뤄 가로봉이 항상 일정한 간격을 유지하기 때문에, DNA는 원리상 무한히 길어질 수 있다.

실제로 어떤 생물 중에는 수십억 염기쌍에 이르는 모든 유전정보가 단 한 개의 이중나선 DNA에 담겨 있는 것도 있다. 유전물질이 DNA에 담기게 된 것도 유전정보에 필요한 길이를 DNA가 확보할 수 있었기 때문이다.

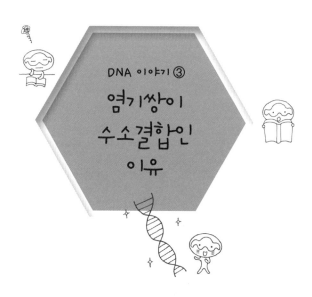

DNA 이야기 ③

염기쌍이 수소결합인 이유

 네 가지 염기의 규칙적인 조합

앞서 설명했듯이 DNA는 뉴클레오타이드가 이어진 두 개의 사슬이 마주보며 그 사이에 사다리의 가로봉처럼 양쪽에서 두 개의 염기가 돌출되어 연결된 구조를 지녔다. 이때 A, G, C, T의 네 염기 중 마주보는 것은 반드시 A - T, G - C의 조합이다.

A와 G는 퓨린 염기라는 긴 염기, T와 C는 피리미딘 염기라 불리는 짧은 염기다(44쪽의 〈그림 2-2〉 참조). 사다리가 평행으로 길게 뻗으려면 가로봉의 길이가 항상 일정해야 한다. 염기쌍이 생성될 때 반드시 퓨린 염기와 피리미딘 염기가 마주보는 것은 간격

을 일정하게 유지하기 위해서다. 그렇지만 왜 꼭 A-T, G-C의 조합이어야 하는 걸까? 항상 모든 일에 이유가 있듯이 물론 여기에도 이유가 있다.

염기쌍의 염기는 보통의 화학물질 원소가 이어지는 방식과 다르게 연결되어 있다. 보통 화학물질이 결합하는 것을 공유결합이라고 하며, 두 개의 분자 중 일부가 전자를 공유해 하나의 화합물로 이어진다. 이 결합은 화학물질의 구조를 나타낸 그림에서 '선'으로 표시되며 강하게 결합되므로 잘 떨어지지 않는다.

염기쌍이 A-T, G-C 조합인 이유

염기쌍 간의 결합은 강한 공유결합이 아니라 플러스 또는 마이너스의 전하를 띤 말단 원소가 마주보고 그 전기의 힘으로 끌어당기는 수소결합으로 연결되어 있다. 플러스 전하를 띤 원소와 마이너스 전하를 띤 원소는 서로 끌어당기기 때문에 그 힘으로 이어진다. 그런데 이 결합은 서로 당기는 힘이 매우 약해(공유결합의 10분의 1밖에 되지 않는다) 플러스와 마이너스 전하를 지닌 원소가 가깝지 않으면 움직이지 않는다. 멀리 떨어진 자석이 붙지 않는 것과 같은 원리다.

염기쌍은 수소결합으로 이어져 있다. 이것이 항상 A-T,

G-C로 쌍을 이루는 이유다. 44쪽의 〈그림 2-2〉를 살펴보자.

A, G, C, T의 염기와 마주보는 원소가 각각 플러스와 마이너스 중 어떤 전하를 가졌는지 적혀 있다. 이해하기 쉽도록 반대 방향의 뉴클레오타이드에서 돌출된 두 개의 염기가 마주하게 표시했다.

A-T, G-C의 쌍인 것을 한눈에 알 수 있다. 이 조합을 보면 반대 방향으로 마주하고 있을 때 말단 원소의 전하가 플러스면 마이너스가 오게 된다. A-C, G-T이면 전하가 플러스끼리, 마이너스끼리 엮이게 되어 끌어당기는 힘이 발생하지 않는다. A-T, G-C의 조합일 때만 끌어당기는 힘이 발생해 수소결합이 일어난다. 즉 DNA가 이중 사슬 형태를 유지하기 위해서는 염기쌍이 수소결합으로 끌어당겨야 하며 이를 위한 조합은 A-T, G-C밖에 없다.

염기쌍만 수소결합으로 이어지는 것에도 이유가 있다. 수소결합은 강도가 무척 약해 열에너지 등이 가해지면 쉽게 풀어진다. DNA의 기능을 생각하면 이는 매우 중요한 포인트다.

DNA에는 유전자 정보가 담겨 있으며 이는 염기배열로 존재한다. 따라서 필요할 때 이중 사슬을 풀어 배열을 읽기 쉽도록 해야 하는데, 수소결합은 이 조건에 딱 맞는다. 공유결합과 달리 수소결합은 작은 에너지로도 쉽게 풀린다.

또한 공유결합은 열에너지로 풀 수 없기 때문에 뉴클레오타이드를 잇는 공유결합은 그대로 두면서 이중나선 중 하나에 담긴 유전정보의 염기배열을 배열된 형태 그대로 읽을 수 있도록 한 개의 사슬로 만드는 것, 이중 사슬로 유전정보를 확보하면서 필요할 때는 쉽게 푸는 것, 이 모순에 적합한 것이 수소결합이다. 그리고 이는 반드시 A-T, G-C의 쌍이어야만 이루어질 수 있다.

'암기'하는 것이 아니라 '이해'하기

분자 단위에서도 생물의 기능은 제대로 '발휘'하게 되어 있다. 이것이 적응의 결과인지는 모르지만 DNA의 구조도 생물의 진화라는 관점에서 이해할 수 있다.

나는 이 구조를 대학생이 되어 처음 이해했는데 그때 크게 감동했다. 그와 동시에 '왜 더 빨리 알려주지 않았을까' 하고 의아한 생각이 들었다. 알았다면 힘들게 '퓨린-피리미딘'이라든가 'A-T, G-C'을 외우느라 고생하지 않았을 테니 말이다.

고등학교 때 염기쌍은 퓨린 염기와 피리미딘 염기의 조합이며 A-T, G-C의 조합이라는 것을 배웠지만 시험을 보려면 그것을 무작정 외워야 했다. 이는 불경을 외우는 것처럼 귀찮고 어려운 일이다. 하지만 '왜 반드시 퓨린 염기와 피리미딘 염기의 조합이어야 하는가, 그리고 왜 A-T, G-C로 조합해야 하는가'를 이해하면 '그렇구나' 하고 자연스럽게 머릿속에 지식이 자리 잡게 된다.

고등학생이 이해하기엔 어려운 내용이라고 말하는 사람도 있다. 하지만 방대한 지식을 무작정 암기하도록 지도하는 것과 원리를 이해시켜 쉽게 외울 수 있도록 하는 것 중 어느 것이 좋은 지도 방식인지는 각자의 생각에 맡기겠다.

DNA와 RNA

현재 알려진 바에 따르면 일부 바이러스를 제외하고 모든 생물이 유전물질로 DNA를 사용하고 있다. 일부 바이러스는 RNA를 사용한다. 이를 통해 첫 번째 생명은 유전물질로 DNA를 사용한 것이 아닐까 추측하고 있다. 하지만 DNA가 최초 생명의 유전물질이었다고 생각하면 생명의 진화를 제대로 설명할 수 없다. 그 이유는 무엇일까?

현재 생물은 DNA에 존재하는 염기배열을 단백질로 번역한다. 단백질은 몸을 만들거나 체내에 필요한 화학반응의 촉매제

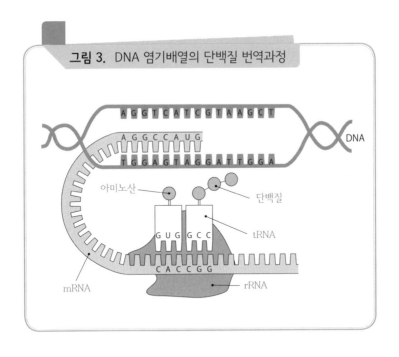

그림 3. DNA 염기배열의 단백질 번역과정

효소로 생명활동을 유지하는 데 꼭 필요하다. DNA의 염기배열이 단백질로 번역되는 과정에서 염기배열의 정보를 갖고 아미노산이 단백질의 사슬을 만들어갈 때 mRNA(전령 RNA), rRNA(리보솜 RNA), tRNA(운반 RNA)라는 세 종류의 RNA가 중개 역할을 한다. 위 〈그림 3〉을 살펴보면 번역할 때 DNA의 염기배열(유전자)은 상호보완적 배열로 mRNA에 옮겨간다. 예를 들어 DNA 배열이 GAT라면 CUA로 옮겨진다.

그리고 mRNA는 rRNA와 단백질로 구성된 리보솜의 특정 위치에 고정된다.

리보솜은 아미노산을 지정하는 mRNA의 3염기쌍(코돈)을 읽고 그것이 지정하는 아미노산과 결합한 tRNA를 붙잡는다. tRNA는 mRNA의 아미노산을 지정하는 배열과 상호보완적 배열을 지닌 인식 부위를 지녀 배열 종류별로 특정 아미노산과 결합한다.

인식 부위가 mRNA의 코돈 위치에 고정되면 tRNA에서 아미노산이 떨어져나와 완성되지 않은 단백질 사슬에 추가된다.

이때 염기배열 정보의 이동은 예를 들어 DNA의 mRNA, tRNA 순서로 GAT, CGU, GAU가 된다. 중요한 것은 DNA의 염기배열이 단백질로 번역되는 과정을 대부분 RNA가 조종한다는 것이다.

 ## 최초의 생명은 RNA만 지녔었다?

현재 생물은 DNA를 유전정보로 사용하고 물질대사에 필요한 화학반응은 단백질로 제어한다. 하지만 최초의 생명에 이런 체계가 사용된 것은 아니다. 최초의 생명은 유전정보에 의해 자가증식하고 물질대사도 행하는 기능을 갖춰야 했을 것이기 때문이다.

하지만 앞에서 설명한 것처럼 DNA, RNA, 단백질이라는 복잡한 시스템이 우연히 한 번에 완성될 확률은 제로에 가깝다. 그렇다면 물질대사의 촉매제로 작용하는 단백질이 최초에는 유전물질이기도 했을까?

위와 같은 가설도 있었지만 단백질이 단백질을 복제하는 시스템은 현재 없으며 단백질이 최초의 유전물질이라면 왜 유전물질이 DNA에 담겨 있으며 번역에 RNA를 사용하게 되었는지 설명할 수 없다.

그럼 최초의 생명은 DNA만으로 구성되어 있어서 DNA가 물질대사도 조절했을까? 하지만 DNA는 상당히 안정성이 높은 화학물질이므로 그 자체가 화학반응을 일으킨다고 할 수 없다. 여기에 화학반응을 제어하는 촉매제의 기능도 발견되지 않았다. 그럼 남은 것은 한 가지, 최초의 생명이 RNA만을 지니고 있었을 가능성이다.

최초의 생명이 RNA만을 지녔다면 필요한 조건을 만족시킬 수 있었을까? RNA는 DNA에 비해 반응성이 무척 높은 화학물질이다. 그리고 RNA는 하나의 사슬이므로 DNA처럼 띠 형태일 뿐만 아니라 자신 안에 있는 상호보완적 염기배열 부분으로 이어져 있어 입체구조를 만들 수 있다. 즉, 유연하다.

실제로 tRNA는 자기 자신으로 이어져 클로버 잎과 같은 입체구조를 지닌다. 그리고 이 입체구조가 자신이 지정한 아미노산과 결합할 때 중요한 역할을 담당한다. tRNA는 화학반응의 속도를 제어하는 촉매제의 기능은 없지만 단단한 DNA와는 달리 이와 같은 기능을 가질 가능성이 있다.

실제로 RNA만으로 촉매기능을 지닐 수 있는 경우도 있다는 것이 나중에 증명되었다. 또한 RNA는 뉴클레오타이드가 이어진 사슬 구조에서 염기배열을 가졌기 때문에 자신이 유전정보가 될 수 있다.

정리하면 최초의 생명이 RNA만을 세포에 담은 상태였다 해도, 그 세포는 RNA 자체를 거푸집 형태로 가지고 있어 자신과 같은 염기배열을 복제하는 물질대사를 행했을지 모른다.

그렇다면 생명으로서의 필요조건을 만족한 것이다. 최초의 생명은 이렇게 탄생했고 물질대사를 조절하는 기능은 서서히 단백질로, 유전정보 기능은 DNA로 옮겨졌을 것이다. 단백질은 RNA보다도 더 유연하며 다양한 입체구조를 지닐 수 있어 촉매제로는 RNA보다 훨씬 유용하다.

 과학자가 진실을 알게 될 날을 꿈꾸며

DNA는 RNA보다 안정성이 높으며 이중나선 구조라 RNA보다 유전정보를 엄중히 보호할 수 있다. 즉 유전정보가 RNA에서 DNA, 단백질로 옮겨간 것은 적응진화라는 관점으로 봐도 필연적이다. 그 결과로 현재의 DNA→RNA→단백질의 유전정보 발견 체계가 완성된 것은 아닐까?

최초의 생명이 RNA만으로 구성되었다는 가설은 'RNA세계 가설'이라고 불린다. 상당히 설득력 있는 가설이지만 현재 바이러스 이외에 RNA를 유전정보로 사용하는 생물이 발견되지 않아 이것이 사실인지는 아직 검증되지 않았다. 생물에서 가장 검증하기 어려운 과제는 지금은 볼 수 없는 과거의 모습이다.

타임머신에 기댈 수도 없고 과거로 돌아가 실제로 관찰할 수도 없는 노릇이다. 하지만 과학자들은 이런저런 방법을 동원해 생명의 수수께끼에 도전하고 있다. 언젠가 진실을 알 수 있는 날이 찾아오리라 꿈꾸면서…….

 ## 다양한 종류와 구조를 지닌 단백질

'RNA세계 가설'에서는 생명에 필요한 화학반응을 일으키기 위한 촉매기능은 RNA에서 단백질로 바뀐 것이라고 한다. 네 종류의 염기밖에 지닐 수 없는 RNA와 달리 단백질은 20종류의 아미노산 사슬로 되어 있다. 따라서 RNA에 비해 무척 다양하게 배열할 수 있다. 예를 들어 두 개씩 늘어놓는 가장 단순한 배열이라도 RNA는 $4 \times 4 = 16$가지에 지나지 않지만 단백질은 $20 \times 20 = 400$가지나 된다.

또한 단백질은 RNA보다도 무척 '부드러워' 다양한 입체구조를 지닐 수 있다. 아미노산 중에는 전하를 가진 것도 있고, 똑같은 아미노산과 강하게 결합하는 것도 있어 아미노산이 길게 연결된 사슬(펩타이드)은 다양한 입체구조를 지닐 수 있다. 게다가 펩타이드가 여럿 연결되어 더욱 복잡한 구조를 지닐 수도 있다.

생명체 물질대사에는 실로 다양한 화학반응이 사용된다. 화학반응은 에너지가 가해져야 진행된다. 중학교나 고등학교 화학 실험에서 반응을 일으키기 위해 약품을 넣은 시험관을 불에 데운 적이 있을 것이다.

그런데 생물의 온도는 겨우 20~45℃ 정도로 그리 높지 않다.

대략 단백질 자체가 60℃ 이상 되면 변성이 일어나 두 번 다시 원래 상태로 되돌아오지 못하고 작아지기 때문에 생물의 온도를 높일 수 없다. 이처럼 저온에서 화학반응을 일으킬 때 반드시 필요한 것이 '촉매(효소)'다.

 ## 촉매 자체는 변하지 않는다

촉매는 화학반응을 일으키는 데 필요한 에너지를 줄일 수 있는 물질이다. 촉매는 이와 같은 역할을 해도 변화하지 않는 특징이 있다. 따라서 낮은 온도, 에너지가 적은 생물 체내에서 화학반응을 일으키기 위해서는 촉매가 필요하다.

RNA월드 가설은 RNA 자체가 촉매 역할을 하지 않았을까 추측하지만, 현재 생물에서 촉매 역할을 담당하는 것은 단백질로 구성된 '효소'다. 아니, 촉매의 기능을 지닌 단백질을 효소라고 부른다. 하나의 촉매는 특정 화학반응만을 제어할 수 있으므로 여러 화학반응을 동시에 일으키려면 반응 수만큼 촉매도 필요하다.

생물 체내에서 일어나는 화학반응은 무수히 많으므로 무수한 촉매가 필요하다. 그래서 배열의 다양성이 한정적인 RNA가 아니라 다양한 입체구조를 지닌 단백질이 촉매로 사용되는 것인지도 모른다. 효소는 촉매로서는 무척 유능하며 화학반응에 필요한 에너지를 크게 낮출 수 있다. 그 정도는 금속 등이 지닌 촉매 작용보다 훨씬 큰 것이 보통이다. 즉 효소에는 매우 많은 화학반응을 제어할 수 있을 만큼의 종류가 있으며 그 기능 또한 상당히 탁월하다. 어떻게 이렇게 엄청난 일이 가능한 걸까?

그 대답은 역시 단백질이 무척 다양하다는 데 있다. 단백질은 200~300개의 아미노산이 결합한 펩타이드로 만들어지는 것이 보통인데 각각의 장소에 20종류의 아미노산이 들어갈 수 있으므로 가능한 배열수는 200~300개의 20제곱이라는 엄청난 수가 된다.

물론 그 모두가 촉매 기능을 지닌 것은 아니지만 1%가 촉매

기능을 지녔다고 해도 그 수는 200~300의 20제곱의 100분의 1이므로 역시 천문학적으로 큰 수다. 이 정도만 있어도 체내의 많은 화학반응의 촉매제로 효소를 적재적소에 투입하는 것이 가능하다.

또한 효소가 촉매로서 효율이 매우 높다는 것도 단백질의 다양성에 자연선택이 작용한 결과라고 생각할 수 있다. 아주 오래 전 생물의 효소 효율성은 지금처럼 높지 않았을 것이다. 하지만 효율성이 높은 효소를 지닌 쪽이 적은 에너지로 화학반응을 제어할 수 있으므로 효율성이 높은 효소를 만들어내는 유전자가 나타난 경우 그와 같은 유전자를 지닌 개체가 환경에 적응하기 유리해져 효소의 기능이 좋아졌을 것이다.

실제로 단백질의 아미노산 배열이 바뀌면 효소의 촉매 효율이 변화한다고 알려져 있다. 이 메커니즘을 설명하면 DNA의 염기배열에 돌연변이가 일어나 배열이 바뀌면 번역된 아미노산의 종류가 바뀌고 단백질의 아미노산 배열도 변화한다. 그 결과 단백질의 입체구조가 바뀌고 촉매로서의 효율성도 달라진다.

현재 알려진 많은 유전병은 특정 유전자 염기배열의 변화로 인해 단백질 효소의 기능이 사라지거나 효율성이 낮아져서 생긴 것이라고 한다. 바꿔 말하면 이와 같은 작은 변화에도 효소의 기능이 크게 손실된다는 것은 현재의 효소가 뛰어난 기능을 지니도록 진화한 결과라는 걸 나타낸다.

생명의 구조, 비밀은 진화로 설명된다

자연선택에 기초한 진화가 생명에 매우 중요한 효소의 출현과
효율성을 높이는 데 큰 영향을 미쳤다.

생물은 어떤 화학물질이 다른 화학물질로 일정하게 변화해야
살아갈 수 있다. 포도당을 분해해 에너지를 얻어야 하는데 역방
향으로 반응이 일어나면 필요한 에너지를 얻을 수 없기 때문이
다. 이처럼 반응의 방향성을 제어하는 것은 생물에게 무척 중요
한 일로 반응이 어떻게 일어나는지는 반응 전과 반응 후의 물질
량에 따라 결정되며 촉매 자체가 반응의 방향을 제어하는 것은
아니다.

효소는 정방향의 반응과 역방향의 반응 모두에서 촉매 기능을
한다. 예를 들어 포도당을 분해할 때 포도당이 공급되면 분해 후
산물이 없다. 따라서 물이 높은 곳에서 낮은 곳으로 흐르듯 효소
는 포도당을 분해하는 방향으로 나아간다. 그러나 분해 산물이
처리되지 않아 공급되는 포도당보다 많아지면 포도당이 합성되
는 역방향으로 반응이 일어난다.

하지만 생물의 몸 안에서 필요한 반응에 따라 나타나는 산물

은 바로 다른 반응을 통해 다른 물질이 되므로 역방향의 반응은 일어나지 않는다. 이 작용에 따라 생물의 물질대사 시스템은 강물이 흐르듯 항상 일정한 방향으로 일어나며 전체적으로 정체되지 않는다.

DNA의 구조와 작용, 유전정보의 발견, 단백질 효소의 뛰어난 기능 그리고 필요한 방향으로만 반응이 일어나도록 제어하는 메커니즘 등 신의 업적이라고 생각되는 생명의 정교한 시스템도, 생명의 탄생에 관련된 비밀도 자연선택에 입각한 진화를 통해 논리적으로 설명할 수 있다.

세포는 어떻게 탄생했을까

 자연스럽게 생성된 인지질 이중막

최초의 생명은 수중에서 탄생했으며 유전물질을 지녔고 그것을 복제하듯 물질대사를 해온 것으로 추측된다. 그러나 그저 무한히 넓은 수중에서 이와 같은 반응을 일으키는 물질이 일시적으로 모였다고 해도 그냥 두면 바로 뿔뿔이 흩어졌을 테니 그렇게 됐다면 생명활동은 유지되지 않았을 것이다.

생명이 유지되려면 아주 좁은 공간에 유전물질이 담겨 있고 거기서 물질대사가 이루어져야 한다.

현재 모든 생물(바이러스 제외)은 세포막이라 불리는 막에 싸인 작

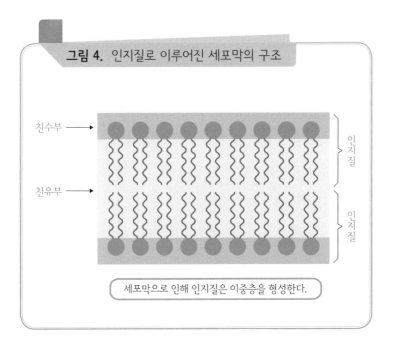

그림 4. 인지질로 이루어진 세포막의 구조

친수부 →

친유부 →

인지질

인지질

세포막으로 인해 인지질은 이중층을 형성한다.

은 방(세포, Cell)으로 이루어져 있다. 세포막은 체내와 외부를 구분 짓는 경계이므로 최초의 생명에 이미 이런 구조가 있었을 것이다. 그렇다면 그건 어떤 구조이며 자연적으로 생성된 것일까?

세포막은 인지질이라는 물질로 이루어져 있다. 그림으로 나타내면 구형의 머리부와 끈처럼 늘어진 다리가 있는, 말하자면 문어 같은 형태를 띠고 있다. 위의 〈그림 4〉를 살펴보자. 공 모양의 머리 부분은 물과 친화력이 있는 성질(친수성)을 지니고 있고, 다리 부분은 기름과 친화력이 있는 성질(친유성)을 지녔다.

세포막은 이 인지질이 다리 부분에서 서로 마주보는 구조를 지녔다. 그리고 이와 같은 막으로 형성된 공의 형태를 만든다.

이런 구조인 것은 사실 자연스러운 현상이다. 인지질을 수중에 많이 넣어 섞으면 인지질 하나하나가 뿔뿔이 흩어져버린다. 그러나 다리 부분은 물과 친화력이 없어 친화력이 있는 다른 인지질의 다리 부분과 마주보게 된다. 이 구조가 점점 이어지면 세포막의 기본인 인지질의 이중층이 탄생한다.

이는 수중에서 일어나는 일로 이 인지질막은 물과 친화력이 없는 다리 부분이 가능한 물과 닿지 않는 형태를 취하려고 한다. 그러면 이중막으로 형성된 구가 된다. 물이 존재하는 막 외부와 내부에 물과 친화력이 있는 머리 부분이 접하는 구조가 되므로 이 구(공) 구조는 안정적이다.

한마디로 수중에 인지질이 많이 존재하면 세포막과 똑같은 기본 구조를 지닌 작은 구가 자연스럽게 만들어지는 것이다.

 최초의 생명은 세포의 탄생으로 시작됐다

최초의 생명은 아마 이런 작은 구 안에 유전물질과 물질대사를 담당하는 RNA가 담겨 있는 형태였을 것이다. 즉 세포가 탄생한 것이다.

인지질로 만들어진 이중막의 구는 자연선택으로 생긴 것은 아니지만 그렇게 된 것에는 합리적인 이유가 있다.

생명이 드러내는 현상에 대해 어떻게 되는지만 나열하면 이해하기 어렵다. 하지만 왜 그렇게 되었는지를 제시하면 그것을 이해하고 머릿속에 기억하기가 쉽다. 생명과학 교과서의 내용도 현상만 나열할 것이 아니라 그렇게 된 원리에 대해 설명해주는 방향으로 구성되어야 할 것이다.

세포 안으로 들어온 엽록체와 미토콘드리아

 생명에 필요한 에너지를 얻는 과정

최초의 생명이 탄생하자 동시에 진화가 시작되었다. 진화는 유전, 변이, 선택의 조건을 만족하면 자동적으로 일어나는 과정으로 생명체는 저절로 진화를 거듭해 갔다. 넓은 바다 안에서 점점 늘어나는 생물은 생식 영역을 넓혔을 것이다. 각각의 장소에서 살아가는 데 유리한 성질이 저마다 다르니 다양한 곳에서 다양한 성질을 지닌 생물이 진화했을 것이다. 갈라파고스 제도의 생물을 떠올려보자.

이렇게 생명이 다양해졌다. 생물에게 생명활동에 필요한 에너지를 어떻게 얻느냐는 매우 중대한 문제였을 것이다. 현재의 생물은 포도당과 같은 당을 분해해 거기서 ATP(아데노신삼인산, 아데노신에 인산기가 3개 달린 유기화합물) 같은 물질을 추출하고 그 속에 있는 에너지를 사용한다.

그 과정에서 두 가지 화학반응이 일어난다. 하나는 당분해라 불리는 과정으로 포도당이 다른 화학물질로 변화하는 동안에 ATP가 조금 추출되는 반응이다. 이는 모든 생물이 지닌 것으로 현재 생명의 바탕이 된 선조는 이미 이런 반응을 했을 것이라 여겨진다.

다른 한 가지는 TCA회로(트리카르복시산 회로, 시트르산 회로)라 불리는 것으로 당분해 과정의 최종 산물을 기점으로 산소를 이용해 많은 ATP가 추출되는 반응이다. 이 과정에서 말산, 푸마르산 등 많은 물질로 변환된다. 이 과정은 TCA회로의 당분해 반응의 최종 산물과 연결되어 다시 회로의 처음으로 돌아가기가 반복된다.

TCA회로는 산소로 호흡하는 생물만 지니고 있다. 그리고 이러한 움직임은 미토콘드리아라고 불리는 세포 내 소기관에서 이루어진다.

또한 식물은 엽록체라는 세포 내 소기관을 지녀 그 기관을 사용해 물과 이산화탄소와 빛의 에너지에서 포도당을 만들 수 있다. 당분해 반응도, TCA회로도 포도당이 없으면 에너지를 만들 수 없다. 동물은 음식을 먹어서 이런 에너지원을 얻지만 식물은 먹을 필요가 없다. 실제로 식물에는 입과 소화기관도 없으며 음식을 찾아 돌아다닐 필요가 없다. 스스로 음식을 만들 수 있으므로 이와 같은 형태로 진화하는 것도 당연하다.

 ## 미토콘드리아는 세포 안에서 살아남는다

미토콘드리아나 엽록체에는 다른 세포 내 기관과는 다른 성질이 있다. 그것은 세포 본체의 DNA와 다른 DNA를 지닌 것이다. 이는 몇 개의 단백질을 지정하고 그 단백질은 각 세포 안에서 화학반응의 촉매로 사용된다.

왜 이런 현상이 일어나는 걸까? 예전에는 알 수 없었지만 지금은 해답 비슷한 것을 발견했다.

그것은 미토콘드리아와 엽록체가 현재 자신들이 들어 있는 세포와 전혀 다른 생물이었지만, 언제부터인가 세포 안으로 들어가 세포 내 소기관이 되었다는 가설이다.

미토콘드리아는 포도당에서 효율적으로 에너지를 얻을 수 있도록 진화한 생물, 엽록체는 빛의 에너지에서 포도당을 만들어내도록 진화한 생물이었는데, 이것들이 들어간 세포는 그들의 능력도 동시에 갖게 되어 생존하는 데 무척 유리해진 것으로 추측된다.

미토콘드리아와 엽록체는 현재의 가축처럼 안전하게 생활할 수 있는 곳이 주어져 세포 내에서 살아남았다. 현재 세포가 지닌 핵 DNA 안에는 원래 미토콘드리아가 지녔다고 여겨지는 유전자가 존재하는 것이 밝혀졌는데, 이는 위 가설을 뒷받침하는 증거라 할 수 있다.

"나랑 합치자!"라는 제안을 받은 미토콘드리아와 엽록체는 세포와 융합했고, 세포는 새로운 생명체로 진화했을 것이다. 이는 유전자에 돌연변이가 일어나 변이체가 생성됨으로써 일어나는 진화와는 전혀 다른 놀랄 만한 진화다.

세포와 미토콘드리아는 공존관계

미토콘드리아와 엽록체는 원래 세포 체내에 있지 않았던 다른 생물이었지만 세포에 흡수되어 세포의 일부가 된 것으로 추측된다. 사는 장소나 활동의 기원이 되는 물질을 세포에서 공급받아 살아가는, 말하자면 가축과 같은 존재다.

돼지의 선조가 멧돼지인 것을 보면 알 수 있듯이 가축은 인간의 편리에 따라 그 특성이 바뀌었다. 가축은 인간 없이는 생활할 수 없도록 변화했지만 세포와 미토콘드리아(또는 엽록체) 사이에서는 이런 지배관계를 찾아볼 수 없다.

원래 다른 생물이라면 각각의 유전물질을 지니고 있을 것이다. 현재 미토콘드리아와 엽록체가 지닌 DNA는 그 흔적이라 여겨진다. 적응진화는 유전, 변이, 선택의 조건만 맞으면 자동으로 일어난다. 생물이 지닌 DNA에는 다수의 유전자가 포함되어 있어 그들의 상호작용으로 하나의 생물이 탄생한다.

미토콘드리아나 엽록체를 지닌 세포 중에는 세포 본체의 것(핵 유전체)과 미토콘드리아와 엽록체의 것인 여러 유전체가 존재하고 각각 복제를 이뤄낸다.

미토콘드리아를 예로 들어보자. 미토콘드리아가 동거하는 세포는 그렇지 않은 세포보다 같은 양의 포도당에서 훨씬 많은 에너지를 얻을 수 있어 매우 유리하다. 이처럼 세포가 많이 늘어나면 미토콘드리아도 많이 증가하므로 냉혹한 외부 세계에서 단독으로 살아가는 미토콘드리아의 선조보다도 유리할 것이다.

즉 세포와 미토콘드리아의 관계는 공존이다. 하지만 반대로 보면 현재 동거하는 미토콘드리아가 나가버리면 세포는 큰 타격을 입을 것이다. 그래서 세포는 미토콘드리아가 도망치지 않을 성질을 진화시켰다. 공존하지만 동시에 자신이 불리해지지 않도록 주도권을 잡기 위한 진화가 일어난 것이다.

미토콘드리아를 제어하는 핵 유전체의 정교한 방법

이 전쟁이 어떤 결말을 맞았는지는 핵 유전체와 미토콘드리아 유전체를 살펴보면 알 수 있다. 현재 핵 유전체에는 원래 미토콘드리아 유전체에 있었다고 여겨지는 유전자가 몇 가지나 존재한다. 이 유전자가 만들어지는 단백질은 미토콘드리아 내의 에너지 생산반응에 필요한 효소로 사용된다.

이를 보면 이들 유전자는 원래 미토콘드리아 유전체에 있었던 것으로 추정된다. 왜 이런 일이 일어났을까? 핵 유전체로 보면 미토콘드리아가 도망가면 엄청난 손실이다. 미토콘드리아에서 유전자를 빼앗아 자신의 유전체에 집어넣으면 미토콘드리아는 세포를 나와 혼자 살 수 없게 된다. 즉, 핵 유전체는 이 방법으로 미토콘드리아가 도망치지 못하도록 제어하고 있다.

현재 미토콘드리아에 남은 유전자 중 다음에는 무엇이 핵 유전체로 이동할 것인지까지 예상하고 있다. 이와 같이 공존관계인 세포와 미토콘드리아 사이에도 실은 치열한 주도권 다툼이 일어나고 있다.

생물의 세계에서 협력이 있는 곳에는 반드시 대립이 있다. 우리 인간이 편의를 위해 가축을 개량해 지배하고 있는 것과 비슷하다.

에너지를 만든다 ①

왜 효소반응은 수중에서 일어날까

 엽록체가 없으면 생물은 어떻게 될까

미토콘드리아는 에너지 생산, 엽록체는 당의 합성과 작용으로 각기 하는 일은 다르지만, 모두 생물의 에너지 대사와 큰 관련이 있다. 지구상의 모든 생물은 어떠한 형태로든 외부의 에너지를 물질대사를 할 수 있는 형태로 흡수해야만 생명을 유지할 수 있다. 그리고 에너지원인 포도당은 저절로 생기는 것이 아니다.

생명활동에 필요한 포도당의 대부분은 포도당 안에 축적된 에너지로 식물의 엽록체가 빛에너지를 전환해 생물 세계를 영위하고 있다. 즉 엽록체가 없으면 생명활동에 필요한 에너지를 보충할 수 없어 생물 세계는 멸망하고 만다.

이는 식물을 초식동물이 먹고 육식동물이 초식동물을 먹고 육식동물이 죽으면 박테리아 등으로 분해되어 다시 식물의 성장에 도움을 주는 먹이사슬을 떠올리면 이해할 수 있다. 생명활동에서 소비된 에너지의 일부는 열 등으로 환경에 방출되므로 새로운 에너지가 보충되지 않으면 사이클이 유지될 수 없다. 즉 사이클이 유지되려면 식물이 태양광 에너지를 포도당으로 만들어야 한다. 엽록체가 바로 그런 역할을 하며 그렇게 볼 때 엽록체는 참으로 위대하다.

한편 미토콘드리아의 역할도 이에 못지않게 중요하다. 효소를 사용하지 않고 포도당을 분해해 ATP를 얻는 당분해 반응만으로는 포도당에 축적된 에너지를 효율적으로 추출할 수 없으므로 같은 양의 포도당이 존재해도 미토콘드리아가 담당하는 TCA회로가 없으면 대량의 생물이 존재하는 현재 생물계도 탄생할 수 없었을 것이다.

 생명과학 교과서에서 설명하지 않는 것

이 에너지 물질대사에 관련된 두 가지 세포 내 소기관에는 공통점이 있다. 엽록체도 미토콘드리아도 내부가 동굴 같은 인지질의 이중막 구조로 되어 있다는 것이다. 이는 각각이 예전에는 세포와는 다른 생물이었다는 것을 의미한다.

이에 더해 둘의 세포 내 소기관은 각자 세포 안에 다른 막 구조를 지녔는데 이는 이중으로 되어 있다. 구조로 보면 〈그림 5〉에서처럼 기관의 경계인 막 내부에 액체로 가득한 공간이 있고 거기에 외막과는 다른 또 하나의 막이 존재한다.

액체 부분은 기질이라 불리며 미토콘드리아에 있는 것은 매트릭스(matrix), 엽록체의 것은 스트로마(stroma)라고 이름 붙였다. 막

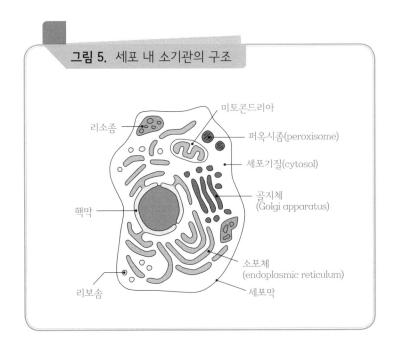

그림 5. 세포 내 소기관의 구조

미토콘드리아
리소좀
퍼옥시좀(peroxisome)
세포기질(cytosol)
골지체 (Golgi apparatus)
핵막
소포체 (endoplasmic reticulum)
세포막
리보솜

부분은 미토콘드리아는 크리스테(cristae), 엽록체는 틸라코이드(thylakoid)라 불린다. 그리고 모두 기질 부분에 화학반응에 따른 포도당을 분해하거나 합성하는 반응(미토콘드리아의 TCA회로, 엽록체의 캘빈 회로)이 존재하고 막 부분에 전자 에너지를 물질로 변환하는 전자전달계가 존재한다.

생명과학 교과서에는 이것들이 왜 이렇게 되었는지 전혀 설명하지 않고 모두 다른 것들로 외워야만 한다. 스트로마＝엽록체＝캘빈 회로, 크리스테＝미토콘드리아＝전자전달계라는 식으로 말이다. 정말 힘들었다. 어쨌든 이렇게 되는 데는 필연적인 이유가 있다. 여기서는 먼저 기질 부분에 화학반응이 존재하는 이유부터 살펴보자.

 ## 효소는 액체 부분인 기질에서 일어난다

화학반응이란 물질이 다른 물질로 변화하는 것을 말한다. 보통은 열을 가하는 등 큰 에너지가 더해지지 않으면 이런 반응이 일어나지 않지만 60℃를 넘으면 변성되는 단백질로 이루어진 생물체로는 이와 같이 열을 가할 수 없다. 그래서 사용되는 것이 효소다.

효소는 유전자에서 번역되어 만들어지는 아미노산의 긴 사슬

(=단백질)로 이루어져 있으며 여러 겹으로 꼬이고 접혀 특수한 입체구조를 형성한다. 그리고 특정 화학반응에 대해서만 매우 효율적인 촉매로 작용한다. 앞에서도 말했지만 촉매는 적은 에너지로 화학반응이 일어나도록 하는 물질이다.

효소가 촉매로 작용하므로 고온고열이 불가능한 생물 체내와 같은 환경에서도 화학반응이 일어나는 것이다.

효소가 촉매로 작용하려면 단백질이 입체구조를 이루고 있는 것이 무엇보다 중요하다. 특정 입체구조를 띠었을 때만 특정 물질에 작용해 촉매로 기능할 수 있기 때문이다. 아미노산 사슬의 꼬이고 접힌 형태가 원래대로 돌아가지 않으려면 아미노산끼리 결합하거나 플러스와 마이너스 전하가 서로 끌어당길 필요가 있다.

그리고 이와 같은 변화는 단백질이 액체 부분인 기질에 있을 때만 일어난다. 아미노산이 전하를 지니기 위해서는 이를 구성하는 화합물이 물속에서 전리된 전하를 지니기 쉬운(이온화되기 쉬운) 성질을 가지고 있어 이것이 물속에서 이온화되어야 한다. 한마디로 단백질은 액체 상태에서만 입체구조를 지니고 촉매로 작용할 수 있다.

TCA회로나 캘빈 회로 등의 화학반응이 왜 기질 부분에 있는지 이제 다 알 수 있을 것이다. 그 이유는 수용액 안이 아니면 단백질이 효소로 작용할 수 없어 화학반응을 일으킬 수 없기 때문이다.

'효소는 기질에서 작용한다'라는 말만 기억하면 미토콘드리아든 엽록체든 물질의 화학반응은 전부 수중, 즉 기질 부분에서 일어난다는 것을 쉽게 이해할 수 있다. 이는 '외운 것'이 아니다. 하나의 합리적인 원리를 세우고 생명이 제시하는 현상을 '이해한 것'이다. 그리고 이처럼 '이해한 것'은 '외운 것'과 달리 금방 잊어버리지 않는다.

에너지를 만든다②

왜 전자전달계는 막에 고정되어 있을까

미토콘드리아 내막에서 이루어지는 전자의 이동과정

미토콘드리아와 엽록체는 이중막 구조를 띠고 있으며 원래 세포막이었던 막 내부에 각각 크리스테와 틸라코이드라 불리는 다른 하나의 막을 지니고 있다. 여기에는 전자전달계라 불리는 것이 존재한다.

이는 수소 형태의 전자에 축적된 에너지를 방출하기 위한 것으로 사이토크롬(cytochrome) a, b, c 등의 여러 단백질이 막 안에 연속적으로 채워지는 구조를 지닌다.

먼저, 미토콘드리아의 전자전달계에 대해 살펴보자.

수소원자는 에너지를 많이 지닌 상태가 될 수 있다. 이때 더해진 에너지는 수소원자가 지닌 전자에 축적되고 전자는 일반 상태(바닥 상태)보다도 에너지를 많이 가진 상태(들뜬 상태)가 된다.

이 전자에 축적된 에너지를 방출하는 것이 전자전달계다. 종류가 다른 세 개의 사이토크롬이 늘어선 틈을 전자가 빠져나가며 에너지를 건네받고 그때 들뜬 상태의 전자에서 에너지가 방출된다. 즉 늘어선 사람이 양동이에 물을 담아 전달해 나르듯이 단백질이 전자를 지나며 전달하는 것이다.

엽록체의 틸라코이드 막이나 박테리아 등 미토콘드리아가 없는 원핵생물에도 전자전달계는 존재하며 역시 막에 고정되어 있다. 효소가 일으키는 화학반응은 수용액 안에서 일어나는데 전자전달계가 막에 고정되는 이유는 무엇일까?

 ## 순서에 따라 전자를 전달하기 위한 묘안

이 비밀은 전자전달계에는 전자라는 것이 복수의 단백질 사이를 통과해야 한다는 점에 있다. 화학반응계에는 효소 자체가 수중이 아니면 촉매로 작용하지 못하는 제약 때문에 반드시 수중에 있다.

이 경우 화학반응이 일어나 생긴 물질은 수중을 떠다니다가 똑같이 떠다니는 다음 반응을 촉매하는 효소와 만나면 다음 반응이 일어난다. 많은 반응이 연관적으로 일어나거나 동시에 일어나도 상관없으므로 여러 곳에서 화학반응이 동시에 일어나는 이와 같은 반응 방식에는 문제가 없다.

하지만 전자를 받아야만 하는 전자전달계에서는 다르다. 들뜬 상태의 전자에서 에너지를 얻으려면 여러 사이토크롬 사이에서 특정 순서로 전자를 받아야 한다. A→B→C라는 순서가 지켜지지 않으면 에너지를 얻을 수 없다. 이와 같은 순서로 사이토크롬의 연결된 사슬을 지나칠 때 들뜬 상태의 전자는 서서히 변화해간다.

e라는 상태에서 나온 전자가 A를 통과해 상태 a가 될 경우, 이때의 전자가 B로 처리되어야 하며 B로 처리된 상태 b의 전자는 다음으로 C로 처리되어야 한다. 이 과정은 반드시 이 순서로 진행되어야 하며 최초로 다가오는 전자는 항상 e상태다.

이처럼 특정 상태의 전자를 순서에 따라 처리해야 할 때 가장 효율적인 방법은 그 순서로 단백질을 고정해두고 거기에 전자를 가져와 처리하는 것이다. 바로 그것이 전자전달계다. 즉 늘어선 사이토크롬 사이를 전자가 다니며 전달하는 것이다.

위와 같이 생각하면 화학반응계는 항상 기질 안에, 전자전달계는 막에 있어야만 하는 이유를 쉽게 이해할 수 있다. 효소가 촉매로 작용하기 위해서는 수중이어야만 하며 전자를 순서대로 전달하기 위해서는 특정 순서의 사이토크롬이 고정되는 편이 효율적이다.

 모든 생물의 현상에는 이유가 있다

'효소는 기질에서, 전달은 순서대로' 이것만 이해하면 미토콘드리아와 엽록체의 막, 기질, TCA회로, 전자전달계 같은 것을 다 외울 필요가 없다. 물론 틸라코이드나 스트로마, 매트릭스 등은 이름이니 그 자체는 외워야 하지만, 모든 것을 따로 외울 필요는 없다.

인간이란 통째로 외우는 것을 어려워하는 생물이다. 연락처의 전화번호를 전부 외우기는 정말로 어렵다. 하지만 기존 생명과학 교과서는 연락처와 비슷하다. 그 사람과 어떤 관계인지 설명도 없이 모든 것이 '이렇게 되었다'라고 나열만 했을 뿐이다. 그래서 외우기 힘든 것이다.

반복해서 말하지만 생물은 합리적으로 이루어지도록 자연선택을 받으면서 38억 년이라는 긴 시간에 걸쳐 진화해왔다. 따라서 모든 현상이 합리적이다. 또한 생물의 몸에 사용되는 물질의 물리적, 화학적인 제약은 그런 현상이 어떻게 일어나게 되는지를 규정한다.

즉, 생물은 그때 그때 쓸 수 있는 선택지를 사용해 가능한 합리적으로 행동하는 성질을 지니고 있다고 할 수 있다.

아 …
아무리 생각해도
통째로는
못 외우겠어

생명과학 교과서

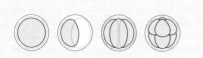

Part 2

누군가에게
말하고 싶어지는
생명과학 이야기

 광합성의 두 가지 과정

엽록체를 지닌 식물은 스스로 포도당을 만들 수 있다. 포도당은 에너지를 축적하고 있는데 이 에너지를 어딘가에서 가져와 담고 있어야만 이를 합성할 수 있다. 엽록체는 빛에너지로 이 작업을 수행한다. 이 반응 전체를 광합성이라고 부르는데 어떻게 이루어지는 것일까?

광합성 반응은 두 과정으로 나눌 수 있다. 하나는 광화학반응이고 다른 하나는 캘빈 회로다.

광화학반응은 빛에너지를 사용해 전자를 들뜬 상태에 두고 이

에너지를 끄집어내 포도당 합성에 필요한 에너지를 만들어내는 반응이다.

엽록체는 먼저 태양광 등의 빛에너지를 엽록소(클로로필)라 불리는 색소로 붙잡는다. 엽록소에 빛이 닿으면 물을 분해해 생긴 수소의 전자를 들뜬 상태로 만든다. 이 과정에서 물(H_2O)이 분해돼 수소(H)가 나오고 남은 산소(O_2)가 방출된다.

다음으로 막에 고정된 여러 단백질 사이를 전자가 지나다니며 전자가 지닌 에너지를 방출하는 전자전달계를 사용해 수소에서 얻은 전자에서 에너지를 방출한다. 이는 앞에서 설명한 미토콘드리아의 전자전달계의 작업과정과 기본적으로 같다.

추출된 에너지는 ATP라는 물질 안에 꺼낼 수 있는 형태로 저장된다. 광화학반응은 전자전달계를 포함하므로 엽록체 안쪽의 막(틸라코이드) 부분에서 이루어진다. 이는 앞에서 설명했듯이 전자전달계에서는 여러 종류의 틸라코이드라는 단백질 사이를 순서대로 다니며 전자를 전달할 필요가 있으므로 막에 고정되는 편이 효율적이기 때문이다.

 엽록소는 태양광을 흡수한다

광합성에서 또 다른 중요한 역할을 담당하는 캘빈 회로는 공기 중 이산화탄소에서 탄소를 추출해 광화학반응이 만들어낸 ATP를 이용해 이를 포도당으로 합성한다. 말하자면 물질을 다른 물질로 바꿔나감으로써 성립하는 화학반응이다. 화학반응은 효소를 사용해야 하므로 엽록체 외막과 내막 사이의 수용액 부분(스토로마)에서 일어난다.

엽록체는 이 두 가지 과정을 거쳐 이산화탄소와 빛에너지를 이용해 포도당을 만든다. 대부분의 생물은 광합성이 생물계에 제공한 에너지를 이용해 살아가고 있으니 광합성은 생물계에서 없어서는 안 될 중요한 반응이다.

식물 이외에 외부에서 에너지를 받아들여 포도당을 생산하는 생물은 열에너지 등을 이용해 화학 합성하는 몇몇 박테리아뿐이다. 그렇게 볼 때 엽록소는 정말 위대하다.

엽록소는 태양광을 흡수해 그 빛에너지를 이용한다. 태양광은 무색이지만 빛은 파장을 지녀서 인간이 볼 수 있는 빛은 360~830nm(나노미터) 정도의 범위다. 프리즘에 빛을 대면 빛은 무지개 색으로 투영되는데 이는 백색광 속의 다양한 파장이 각기 다른 굴절률에 따라 분광되기 때문이다.

무지개 색은 파장이 짧은 보라색부터 파장이 긴 빨간색까지 일곱 가지 색을 말한다. 실제로 빛의 파장은 연속적이지만 위와 같이 보인다. 엽록소는 이 중 어떤 색을 이용해 에너지를 얻을까?

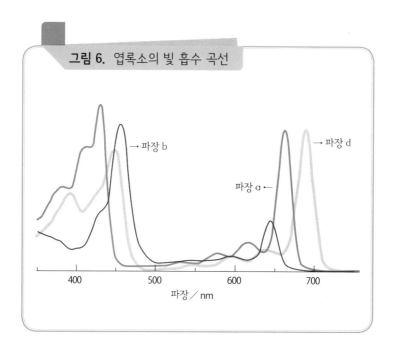

그림 6. 엽록소의 빛 흡수 곡선

→ 파장 b

→ 파장 d

파장 a ←

400   500   600   700

파장／nm

 반사하는 것은 무슨 색일까

위의 〈그림 6〉은 엽록소의 빛 흡수 곡선이다. 두 개의 최정점이 있는데, 이 파장의 빛은 흡수된다. 이 빛 흡수 곡선은 시험문제로 자주 등장해 외운 사람도 있을 것이다. 하지만 이것도 조금만 생각하면 이렇게 되는 이유가 있다.

〈그림 6〉을 보면 파란색(650nm 정도)과 빨간색(450nm 정도)에 흡수 정점이 있다. 그렇다면 흡수되지 않고 반사되는 빛은 무슨 색일까? 초록색이다. 이쯤에서 식물이 초록색을 띠는 이유를 눈치 챈

사람도 있을 것이다. 바로 초록색 빛은 엽록소가 이용하지 않고 반사하기 때문이다.

어떤 물건이 특정색으로 보이는 이유는 그 색의 빛을 반사하기 때문이다. 이 사실을 알고 있으면 엽록소의 빛 흡수 정점은 파란색과 빨간색이라고 예상할 수 있다. 실제로도 그렇다. 물론 세세한 파장은 외워야 하지만 무지개 색과 빛의 파장의 관계를 알면 대략 어느 정도의 파장인지를 알 수 있다. '엽록소 a의 빛 흡수 정점은 다음 중 어느 것인가?'라는 문제라면 이 지식만으로도 정답을 맞힐 수 있다.

 ## 개구리 알이 검은 이유

덧붙여 모든 파장을 흡수하는 것은 해당 범위의 빛을 전혀 반사하지 않으므로 검게 보인다. 태양빛에는 검은색을 띠는 물체가 쉽게 뜨거워진다는 것을 알고 있을 것이다. 이것도 검은색이 모든 파장 에너지를 흡수하기 때문이다.

개구리 알이 검은색인 이유도 초봄 수온이 낮은 시기에 태양광을 흡수해 온도를 높여 가능한 빨리 성장하기 위해서다. 그리고 돌 뒤에 알을 낳는 개구리의 알은 빛을 흡수할 필요가 없어서 노른자위 색처럼 흰 빛을 띤 노란색이다. 만물에는 기본적으로 그렇게 만들어진 이유가 있다.

　복잡한 현상이나 물질의 변화는 일정한 이론에 따라 단계별로 정리해가면 기억하기 쉬워진다. 그렇게 되는 이유와 원리를 아는 것은 쓸데없는 것이 아니다. 오히려 관련 없어 보이는 별개의 사실을 연관지어 더 이해하기 쉽게 하는 지름길이다. '바쁘면 돌아가라'라는 말도 있듯이 말이다.

세포는 서로 협력한다

 **자기복제와 변이를 거듭한 최초의 생명체**

최초의 생명은 인지질의 작은 이중막 주머니에 자기복제를 촉매시키는 RNA가 들어 있는 것으로 추측된다. 말할 것도 없이 이는 단세포의 자기복제다. 유전, 변이, 선택의 조건이 충족되면 진화는 자동적으로 일어난다.

자기복제란 것은 유전된다는 뜻이다. 염기배열이 복사될 때 반드시 실수가 일어나 변이가 발생한다. 주변에 자신과 같은 자원을 소비하는 라이벌을 만드는 것은 생존경쟁과 선택을 불러온다. 최초의 생명체는 이미 적응진화하는 실체였다.

단세포생물은 단세포인 채로 긴 시간 진화를 이어나가 최초의 상태에서 변화해갔을 것이다. 유전물질은 더욱 안정성이 높은 DNA로 바뀌고, 효소의 기능은 유연성과 다양성이 높아 효소로 더 적합한 단백질이 담당하게 되었다.

다양한 세포 내 소기관이 등장해 생명유지에 필요한 여러 가지 기능은 각각의 소기관이 담당하도록 진화해왔다. 각각의 소기관이 전문화되는 것이 세포 전체로 더욱 높은 물질대사 효율을 실현할 수 있기 때문이라 생각된다.

DNA는 최초에 현재의 박테리아와 같이 세포 안을 떠다녔는데 세포의 기능이 복잡해짐에 따라 유전정보가 늘어나면서 핵막의 작은 구 안에 담기게 되었다.

이처럼 진핵생물에서 DNA는 실감개(실패) 역할을 하는 단백질을 감고 있어 평소에는 작은 상태(염색체)로 보관된다. 여기에는 길어진 DNA가 엉켜 끊어질 위험을 방지하는 효과를 기대했기 때문일 것이다.

 ### 여러 세포의 협력으로 탄생한 다세포생물

여기서 기억해야 할 것은 엽록체와 미토콘드리아라는 다른 생물을 체내로 불러들여 에너지 생산에 혁명적인 변화가 일어나기도 했다는 점이다. 모든 식물은 미토콘드리아를 지니고 있으므로 최초 미토콘드리아와의 합체가 일어나 이후 식물이 되는 세포만이 엽록체를 획득한 것으로 추측된다.

이렇게 현재 생물계에서 볼 수 있는 단세포생물이 탄생되었다. 이런 단세포생물이 복잡해지는 것은 그것이 유리하다는 선택에 따라 효율화를 추구한 결과 세포 내 소기관의 분업이라는 시스템으로 완성되었을 것이다. 하지만 하나의 세포가 탄생하기에는 한계가 있었다.

그래서 혁신적인 변화가 일어났다. 한계를 뛰어넘기 위해 여러 개의 세포가 협력하는 방법이 나타났다. 다세포생물이 탄생한 것이다.

단세포생물은 경쟁에서 이겨 살아남을 수 있도록 효율성을 높이기 위해 여러 방면으로 복잡해지는 데 성공했다. 하지만 작은 세포가 아무리 복잡해진다 해도 거기에는 한계가 따른다.

하지만 단세포생물밖에 없었던 당시에는 좀더 복잡한 것이 더욱 유리하게 살아갈 수 있는 환경이 조성되었을 것이다. 단세포의 한계를 뛰어넘자 새 세상이 펼쳐져 있었던 것이다.

여러 단세포가 연결된 볼복스

최초의 다세포생물은 몇몇 단세포생물이 연결된 것이었다. 그런 생물은 현재에도 존재한다. 볼복스(volvox)라는 식물 플랑크톤인 담수조류는 단위세포가 연결되어 공 모양의 군체(콜로니, colony)를 이루는 생물이다.

볼복스에는 자녀를 만드는 세포와 몸의 세포가 모두 분화되어 있는데, 이 과에 속하는 판도리나(pandorina)는 각각의 세포가 분열을 시작하여 일정한 딸군체를 만들고 그것이 방출되어 새로운 판도리나가 탄생한다. 판도리나에서 각각의 단위세포는 특별히 다른 역할을 하지는 않는다. 다음 104쪽의 〈그림 7〉을 보자.

이처럼 여러 세포가 모이는 것만으로도 장점이 있었을 것이다. 예를 들어 식물 플랑크톤은 동물 플랑크톤에게 먹히지만 몇 개의 세포가 합체해 크게 뭉치면 동물 플랑크톤의 입보다 커질 수 있다. 그래서 잡아먹히지 않는다.

내용물의 면적이나 부피가 커지면 막이 그 하중을 견디지 못하고 찢어져버리기 때문에 한 개의 세포가 그다지 확대되지는 못한다. 풍선이 너무 커지면 터지는 것과 마찬가지다. 따라서 한 개의 세포로는 잡아먹히지 않는 효과를 보기가 거의 불가능하다. 그래도 커지기만 해도 잡아먹히지 않으니 커지는 것이 분명 유리했을 것이다.

그림 7. 단세포생물에서 다세포생물로의 진화 과정

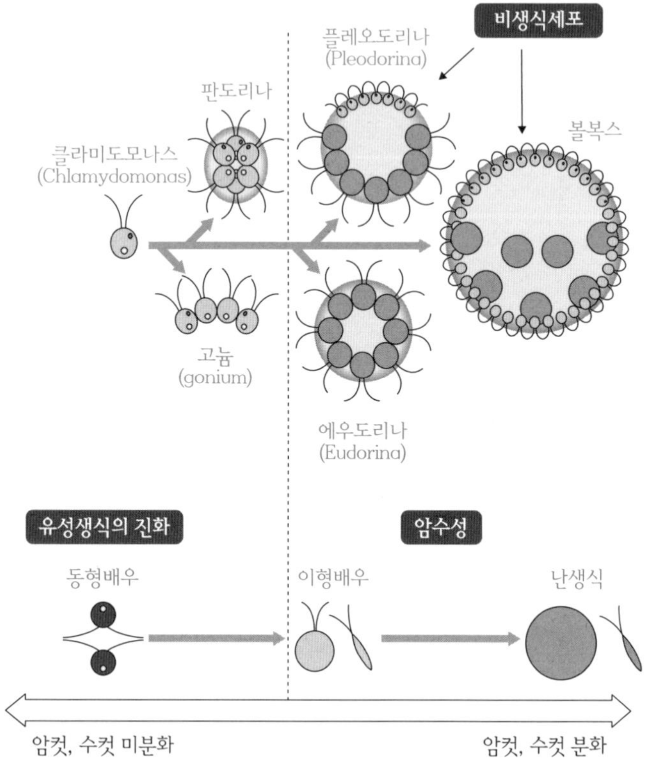

비생식세포

플레오도리나
(Pleodorina)

볼복스

판도리나

클라미도모나스
(Chlamydomonas)

고늄
(gonium)

에우도리나
(Eudorina)

유성생식의 진화

암수성

동형배우

이형배우

난생식

암컷, 수컷 미분화

암컷, 수컷 분화

이런 군집 현상은 세포 간의 협력을 실현했다. 그러나 이처럼 개체가 협력할 경우 개체와 전체 사이의 이익과 손해가 어떤 방식으로 조정되는지가 문제로 떠오른다.

협력하는 것이 전체로서는 이득이 되어도, 개체로서는 손해를 본다면 어떻게 될까? 이 경우 개체 입장에서는 협력하지 않는 것이 이득이므로 협력은 진화하지 않을 것이다.

세포와 미토콘드리아는 다른 생물에서 유래했지만 공존해 각자가 이득을 얻고 있다. 그래도 핵 유전체는 미토콘드리아를 지배하기 위해 미토콘드리아 유전자의 일부를 핵 유전체로 옮기는 진화가 일어났다.

이 이해대립 문제가 어떻게 해결되는가는 다시 살펴보기로 하고 여기서는 이후 다세포생물이 어떤 길을 걸어왔는지를 살펴보자.

 ## 다세포생물은 진화한다

처음에는 판도리나와 같이 서로 별 차이가 없는 세포가 단순히 모였던 다세포생물이었지만 얼마 후 각각의 세포가 단독 기능을 하게 된다. 어떤 것은 입이 되고 어떤 것은 소화기관이 된 것이다. 현재 다세포생물의 대부분이 이처럼 세포 간 분업을 이루고 있다. 이 분업이 실현되기 위해서는 중요한 조건이 만족되어야 하는데, 이는 나중에 설명하겠다.

어쨌든 세포가 분업함에 따라 다세포생물은 단세포생물로는 불가능한 다양한 모습으로 진화했다. 세포 간 분업을 이뤄내 거대해진 다세포생물은 단세포생물로는 진출할 수 없었던 다양한 환경에 적응했기 때문이다. 최초에는 수중에만 있었던 생물이 드디어 육지로 진출했고 마침내는 하늘을 나는 조류로까지 진화했다.

생물이 살 수 있는 영역이라면 어디에서든 다양하게 진화가 이루어지는 것으로 추측되지만, 현재 진공 상태에서 살아가는 생물은 나타나지 않았으므로 그 범위는 지구로 한정된다. 우주로 진출한 인류가 새롭게 진화한다는 이야기는 공상과학의 한 패턴이지만 현재 이것은 꿈일 뿐이다.

이처럼 세포 간 분업이 이루어져 다양화된 다세포생물도 사실 그 모습은 단세포생물의 진화와 비슷하다. 단세포생물도 처음에는 단순한 구성이었지만 DNA와 단백질 이용 그리고 세포 내 소기관을 진화시켜 더욱 복잡한 세포내 분업 체제를 정비해왔다.

즉 다세포생물이 세포 간 분업으로 체제를 복잡하게 만들어 다양한 생존 가능 영역에 진출한 것과 논리적으로 비슷하다.

개체의 이익이 확보되면 가능한 분업 체제를 구성하고 더욱 살아남기 쉬운 것으로 진화해간다. 이는 생물 세계를 관통하는 섭리이며 그 결과 세포 소기관이 분업해 다세포생물이 출현했다.

다세포생물의 출현은 생물계에 비약적인 다양화를 가져왔는데 그렇다면 한 단계 높은 비약이란 무엇일까? 바로 여러 다세포생물 개체의 협력이다.

 ## 사회성 곤충 이야기

단세포생물의 세포와 미토콘드리아, 엽록체의 협력, 다세포생물의 세포 간 협력 등의 현상과 비슷하게 같은 종의 동물이 집단으로 생활하며 서로 협력하는 경우를 볼 수 있다.

　개미와 벌 그리고 흰 개미와 같은 '사회성 곤충'은 가장 잘 알려진 예다. 그들의 사회는 산란을 담당하는 여왕(흰 개미의 경우 왕도 있다)과 그밖의 일을 담당하는 일개미로 구성되어 있다. 다세포생물의 세포 간 분업과 마찬가지로 개체 간에 분업이 이루어지고 있다. 이와 같은 사회를 만드는 집단을 '개체군(콜로니, colony)'이라고 부른다.

이 콜로니는 성장한 차세대의 콜로니를 책임지는 새로운 여왕이나 수컷을 생산하는 단위이며 콜로니 간에 경쟁도 이루어진다. 이와 같이 상호작용이 가능한 실체를 기능적 단위라고 부르는데, 사회성 곤충의 콜로니는 개체 수준을 넘어선 기능적 단위다.

여러 개체가 협력할 때 진화로 설명하기 어려운 문제가 한 가지 있다. 각각의 개체는 DNA를 지녀 자기복제가 가능한 기능적 단위이므로 각 개체가 각자 가장 효율적으로 증식하기 위한 자연선택의 영향을 받는다. 핵 유전체와 미토콘드리아의 예에서도 살펴봤지만 이처럼 협력이 진화하기 위해서는 협력할 때가 협력하지 않을 때보다 자기 유전자 증식률이 높아야 한다. 협력하는 편이 살아남는 데 유리하지 않으면 진화하지 않기 때문이다.

 협력의 유리함을 증명하는 실험

하지만 협력이 이루어졌을 때 협력하는 개체(세포)가 협력하지 않는 개체(세포)보다 유리해졌는지는 대부분 알 수 없다. 그 이유는 협력하는 종류 중에는 협력하지 않고 단독으로 생활하는 개체가 이미 존재하지 않기 때문이다.

세포도 다른 조건은 같고 미토콘드리아만 지니지 않은 세포는 없으므로 세포 하나하나가 이득을 얻는지는 알 수 없다. 이 점은 협력진화 검증의 큰 장애로 협력진화가 이루어진 것이 개별적 이익이 확보되기 때문인지는 오랫동안 수수께끼로 남아 있었다.

하지만 요즘 작은 벌을 대상으로 한 연구가 이 점을 명확히 했다. 애꽃벌(Lasioglossum)이라는 작은 벌은 꽃가루를 모아 경단을 만들어 유충을 키운다. 여왕과 일벌에는 형태의 차이가 없으며 겨울을 보낸 암컷 한 마리가 초봄에 집을 만들기 시작하고 초여름 무렵에 최초의 자녀를 키운다. 이 자녀는 성충이 되는 여름에서 가을에 걸쳐 두 세대째 자녀를 키우기 시작하는데 이때 여러 개체가 협력한다.

그런데 두 세대째의 집을 살펴보니 7~8콜로니에 한 콜로니 꼴로 한 마리만으로 자녀를 키우는 집이 있었다. 이 한 암컷의 집과 여러 암컷의 집을 비교하면 여러 암컷의 집의 개체가 한 암컷 집의 개체보다 이익을 얻고 있는지를 알 수 있을지 모른다. 내 연구실 대학원생인 야기 나오히로와 나는 공동으로 이 벌을 조사하기 시작했다.

이 벌은 땅 속에 10cm 정도 세로로 구멍을 파고 그 주변에 새끼손가락 정도의 작은 방을 여러 개 만들어 거기에 꽃가루 경단을 넣고 알을 낳고 뚜껑을 닫았다. 유충은 꽃가루 경단을 먹고 자란다. 우리는 두 세대째가 번데기가 될 무렵에 집을 파서 각각의 집에 육아실이 몇 개 있으며 그 안에 몇 개의 번데기가 있는지 조사했다.

알에서 유충이 나와 유충이 자라 번데기가 되므로 번데기가 들어 있으면 알은 무사히 자란 것을 의미하며 육아실이 비어 있으면 알이 죽었다는 뜻이다.

 ## 함께 돌본 유충이 살아남는다

우리는 매우 놀라운 결과를 얻었다. 여러 암컷이 함께 돌본 집에서는 90% 정도 번데기가 들어 있었지만 암컷 한 마리가 돌본 집에는 번데기가 들어 있는 방이 10%에 지나지 않았다. 즉 여러 마리의 암컷이 자녀를 돌본 집에는 유충의 생존율이 급격히 높아진 것이다.

이렇게 자녀의 생존율이 높아진 결과 여럿이 자녀를 키우는 집의 암컷 한 마리는 단독으로 자녀를 키우는 암컷 개체에 비해 훨씬 많은 자녀를 남길 수 있다는 사실이 밝혀진 것이다. 즉 협력은 개체에게도 확실히 이익을 불러온다.

왜 이런 현상이 일어난 것일까? 그 열쇠는 벌이 어떻게 유충을 지키는가에 있다. 그 후 연구에서 집에서 벌이 서로의 행동과 관계없이 출입할 수 있으며 포식자가 침입했을 때 벌이 있으면 유충을 지킬 수 있는 단순한 시뮬레이션을 실시했다.

그 결과 포식자가 침입하는 확률이 높아질 경우 여러 암컷이 돌보는 집의 유충 생존율은 두 마리면 2배보다 높고 세 마리면 3배보다 높아지는 것으로 밝혀졌다. 즉 벌끼리 서로 협력하지 않고 여러 암컷이 하나의 집을 이용하기만 해도 유리해지는 것이다.

실제 벌을 관찰하면 여러 암컷이 있는 집에서는 될 수 있는 한 집이 비지 않도록 순서대로 출입하고, 암컷이 혼자 있는 집에서는 포식자인 개미의 활동이 줄어드는 저녁 때까지 집에서 나가지 못하는 것도 밝혀졌다.

이를 통해 애꽃벌의 협력이 진화한 이유는 집단을 이루어 포식자를 효율적으로 막음으로써 각각의 이익을 증가시킬 수 있었기 때문이라는 것을 확실히 알 수 있다.

포식자를 막는 것은 협력진화의 중요한 요인이었을 것이다. 앞에서 말한 볼복스의 예에서도 모이면 잡아먹히지 않으므로 생존율이 0%에 가까웠던 초기상태보다 군체를 이뤘을 때 훨씬 높아졌다.

단독으로 있을 때 생존율이 0%에 가까울수록 아주 조금 생존율이 올라가도 2배, 3배 또는 더욱 큰 이익을 얻을 수 있다. 즉 몇 몇만 모여도 각 개체가 단독일 때보다 훨씬 큰 이익을 얻을 수 있다.

이처럼 집단으로 모여 잡아먹힐 확률을 낮추는 효과는 인간이라는 동물에게도 적용되었을 것이다. 인간의 선조인 유인원은 특별히 전투력이 좋은 것도 아니며 한 마리로는 거대한 육식동물에게 대항할 수 없었을 것이다.

그러나 집단을 형성하면 다르다. 모두 함께 협력하면 큰 동물을 사냥할 수도 있으며 포식자에 대항하기도 쉬워진다. 혼자 포식자에 맞서 싸워 이길 가능성이 거의 없다면 협력해서 조금이라도 생존율을 높이는 것이 협력하지 않는 것보다 개개인에게는 더 이익이다.

물론 이것은 가설이지만 앞서 설명한 벌의 경우처럼 몇몇 생물의 경우에도 잡아먹히지 않기 위해 협력하는 것이 효율적이라는 것이 밝혀졌다. '하나를 위한 모두, 모두를 위한 하나'라는 말이 있지만 생물은 '하나를 위한 모두가 되기보다 모두를 위한 하나'가 되었던 것이다.

왜 동물의 몸에만 심장이 존재할까

 병정개미에도 여러 유형이 있다

여러 세포와 여러 개체의 협력은 각각의 세포나 개체가 협력하지 않는 때보다 이익이 되지 않는 한 진화하지 않는다. 그러나 일단 협력이 진화하면 더욱 고도의 협력이 나타난다. 바로 세포나 개체 간에 분업이 발생하는 것이다.

판도리나나 애꽃벌의 군집에서 협력하는 개체는 기본적으로 각각의 가치가 같으며 특화된 개체는 발견할 수 없다. 이는 원시적인 협력이다. 장수말벌이나 꿀벌, 개미의 경우 여왕과 일하는 개체는 형태로도 확실히 구별할 수 있으며 대부분의 알은 여왕이 생산한다. 여왕과 일하는 개체 간에 분업이 생기는 것이다.

개미의 몇몇 종에서는 일하는 개체 중에도 병정개미 등 여러 유형이 있어 더욱 복잡한 분업체계를 나타내는 것들도 있다. 반면 벌은 날아야 하는 형태적 제약이 있어서인지 서로 다른 유형의 일하는 개체가 있는지는 알려지지 않았지만 서로 행동이 다르며 조직적으로는 분업한다.

이처럼 분업은 다세포생물에서도 볼 수 있다. 판도리나는 세포 간에 분업이 존재하지 않는 듯 보이는데 인간을 보면 세포 간 분업이 명확하다.

우리 몸을 형성하고 있는 세포 역시 어떤 것은 눈, 어떤 것은 다리, 어떤 것은 뇌 등 여러 기관으로 분화되어 있다.

이처럼 기관이 나뉜 덕분에 다세포생물 개체는 지금까지 생물이 살지 못했던 미개척의 여러 생존 가능한 영역으로 진출할 수 있었다. 개미와 벌에서 볼 수 있는 여러 유형의 일하는 개체도 이렇게 기관이 나뉜 것으로 볼 수 있다. 이런 분업은 생물의 적응 범위를 넓혔다.

 몸 구석구석까지 에너지를 전달하는 심장

인간의 내장에는 각각 독특한 기능이 있다. 심장은 혈액순환의 원동력, 폐는 공기 흡수, 신장은 혈액 속 노폐물 배출, 간은 유해 화학물질 분해를 담당한다. 이와 같은 복잡한 시스템은 외부의 조건이 변했을 때 체내 상태를 항상 일정하게 유지시키는 작용(항상성)을 함으로써 지금까지와 다른 환경에서도 생물이 살아갈 수 있도록 해준다. 이것 역시 환경에 적응하기 위한 것으로 기관이 분화된 것도 이처럼 이유가 있었을 것이다.

각 기관에는 물론 타당한 존재 이유가 있다. 예를 들어 심장은 다세포생물이 된 후 나타난 것으로 단세포생물에는 없다. 단세포생물의 체내 물질순환은 원형질 유동이라는 느린 흐름과 소포체나 골지체 같은 물질 운동과 관련된 세포 내 소기관이 맡는데 이는 아주 작은 세포여서 가능한 방법이다.

훨씬 큰 다세포식물과 동물은 이런 느린 방법으로는 살아남을 수 없다. 식물은 세포 간 삼투압 차이를 이용해 물질을 몸 구석구석으로 보내지만, 근육 조직을 사용해 빠르게 움직이는 동물은 심장이라는 특수한 펌프를 진화시켜 액체를 강제로 순환시키는 시스템을 활용한다.

동물에게만 심장이 있는 이유는 몸 전체의 근육에 에너지를 공급해야 하는데 이 과정에 필요한 산소를 몸 구석구석까지 '빠르게' 전해야 하기 때문이다.

물론 동물의 경우 여러 기관이 서로 연동해 움직인다. 심장과 폐 그리고 심혈관계의 움직임을 살펴보자. 동물은 체내에 필요한 산소를 아가미나 폐와 같은 호흡기관을 통해 외부에서 들여와 혈구(인간은 적혈구)에 축적한다.

그리고 산소는 심장이 만들어낸 혈류를 타고 몸 구석구석까지 운반된다. 신체 말단까지 산소를 내보낸 혈구는 배출된 이산화탄소와 결합해 다시 혈류를 타고 폐로 운반된다. 따라서 이번에는 다른 혈관계를 통해 폐로 돌아간다.

 ## 동맥혈과 정맥혈

혈관계에는 심장에서 신체 말단으로 가는 길(동맥)과 돌아오는 길(정맥)이 존재한다. 즉 동맥과 정맥의 경계는 심장이다. 체순환(혈액이 온몸을 도는 순환)을 마친 혈액은 폐에서 다시 산소를 담아야 하므로 도중에 폐를 거친다. 폐에서는 말단에서 운반되어온 이산화탄소를 버리고 산소로 바꾸는 작업이 이루어진다. 혈액이 폐에 이르면 혈관이 매우 좁아지고 얇은 막으로 된 기포 모양의 폐포에서 산소로 교환한다. 따라서 얇은 혈관으로 혈액을 밀어넣으려면 강한 압력이 가해져야 한다. 그래서 신체 말단을 돌아 이산화탄소를 함유한 혈액은 한 번 심장(우심실)을 거쳐 폐동맥을 통해 폐로 들어가는 것이다.

또한 폐에서 한 번 혈관을 좁게 만들었기 때문에 신선한 혈액이 모인 폐정맥에는 혈액의 압력이 낮아져 그대로는 신체 말단까지 보낼 수 없다. 그래서 폐정맥은 심장(좌심방)으로 돌아가 그곳에서 신체 말단을 향해 다시 밀려나간다. 이렇게 우심실→폐동맥→폐포→폐정맥→좌심방의 경로를 지나는 순환, 즉 심장과 폐 사이만을 순환하는 것을 체순환과 구분해 폐순환이라 한다.

혈액이 심장과 폐 두 곳을 거쳐야 하므로 혼란스럽지만 심장에서 나오는 혈관은 동맥, 들어가는 혈관은 정맥이며 폐에서 나오는 혈액은 산소를 가져 신선하며 폐로 들어가는 혈액은 이산화탄소를 함유해 더럽다는 것을 확실히 이해하면 헷갈리지 않는다. 단지, 폐정맥은 폐에서 나와 심장으로 들어가므로 정맥이지만 신선한 혈액이 흐르고, 폐동맥은 심장에서 나와 폐로 들어가므로 동맥임에도 정맥혈(O_2가 적은 피)이 흐른다.

복잡하게 보이는 현상에는 그럴만한 이유가 있다

이와 같이 다세포생물의 기관이 분화되어 제각기 활동을 하게 된 것에는 그 나름의 타당한 이유가 있다. 장기의 종류는 그리 많지 않으므로 각각 어떤 역할을 하는지를 외워야 한다. 그래도 순환계(심장, 혈관), 호흡계(폐), 소화계(위, 장), 해독계(간, 신장)와 같이 몇 가지로 분류하면 조금 더 이해하기 쉽다. 그리고 세포 내 소기관과 장기 중에 서로 유사한 기능을 하는 기관(예를 들어 소포체와 혈관)끼리 묶어 비교해보면 이해하는 데 도움이 된다.

세포와 다세포 개체는 전혀 다른 것처럼 보일지 모르지만 생명을 유지하는 데 필요한 다양한 기능을 세포 내 소기관이나 장기로 분업화해 전체적인 효율을 높이거나 안정성을 높인다는 점에서는 비슷하다.

복잡하게 보이는 현상일수록 그렇게 되는 원리가 있다. 그 원칙에 따라 이해하고 단계별로 정리하면 진정한 학문의 즐거움을 누릴 수 있을 것이다.

공부를 못한다거나 머리가 나쁘다고 한탄할 일이 아니다. 단지 정리 방법을 모를 뿐이니까.

어떻게 정리하면 쉬울지를 알면 적어도 지금보다 훨씬 편하게 생명과학에 대한 지식을 체계화할 수 있을 것이다. 이유를 알고 순서를 알면 백전백승이다.

다세포생물의
모든 세포는
동일한 유전자를
가지고 있다

 진화에서 경쟁이란

세포 내부에도 다세포생물 체내에도 혹은 개체가 모인 개체군 내부에도 각각을 만들어낸 단위가 전문적인 기능을 담당하는 기관으로 나뉘어 전체적으로 효율성과 안정성을 개선하고 있다. 하지만 협력의 경우 각 개체가 협력을 통해 이익을 얻지 못하면 진화되지 않는다.

진화는 유전과 변이를 거친 집단 단위로 일어난다. 생물의 각 개체는 자신의 DNA를 갖고 있다. 여러 개체가 존재하면 어느 DNA의 복제효율이 높은지 경쟁해 개체(DNA) 단위의 자연선택이 작용하고 진화가 일어난다.

진화에서 경쟁이란 서로를 이기려고 노력하는 것이 아니다. 어느 하나의 복제효율이 높으면 그것이 자연스럽게 늘어나 드디어 집단이 전부 그런 유형이 되어가는 현상이다. 이는 필연적으로 서로 경쟁의식이 있는지 없는지 여부와는 관계없다.

다윈의 진화론에 대한 초기의 비판 가운데 '지구상의 생물은 전혀 서로 경쟁하고 있지 않다. 어디에 경쟁이 존재한다는 것인가?'라는 지적이 있었다. 이 지적이 잘못된 것임은 두말할 나위가 없다.

예를 들어 두 사람이 있고 월급을 반으로 나눠서 싸우지 않고 생활한다고 하자. 표면적으로 경쟁하지는 않지만 그들이 살아가는 데 필요한 단위 시간당 에너지는 다르므로 완전히 똑같이 나눈다고 해도 에너지 소비율이 큰 사람이 불리하다. 생물의 경쟁이란 이런 것이다.

 ## 여러분은 몸의 어느 부분이 되고 싶은가?

생물의 경쟁에서 이기고 지는 것이 유전물질의 복제효율 차이라는 것을 감안하면 장기가 나뉘는 진화에 주의를 기울여야 한다. 왜냐하면 일부 세포 내 소기관을 제외하고 다세포생물의 기관도 콜로니를 구성하는 개체도 각각 유전물질을 지닌 자기복제 단위이며 서로 경쟁하기 때문이다.

세포 내 소기관의 경우도 핵 유전체와 미토콘드리아와 엽록체는 독자적인 유전체를 지녔으며 그것들 사이에 이해대립이 존재한다. 그 결과 미토콘드리아의 유전자 일부가 핵 유전체로 이동하는 현상이 일어난다.

더군다나 각각의 구성요소(세포와 개체)가 독자 DNA를 지녔고 서로 경쟁자라면 어떤 경우에 협력할 수 있게 되는지 주의해야 한다.

구체적으로 어떤 문제가 일어날 수 있는지 이해하기 쉽게 설명하겠다. 내 강의를 듣던 몇 명에게 "지금부터 여기 있는 사람들로 인간 남성의 몸을 만든다고 가정해봅시다. 여러분은 어떤 부분이 되고 싶나요?"라고 질문한 적이 있다. 많은 사람들이 '뇌' '눈' '손' 이라고 대답했다.

여러분은 어떤가?

나는 이런 것들이 되고 싶지 않다. 점잖지 못하다고 생각할지 모르지만 내가 되고 싶은 것은 단 하나 '고환'이다. 왜일까?

인간이 자녀를 남기는 경우를 생각해보자. 정자와 난자가 결합해 수정란이 만들어지는 것은 알고 있을 것이다. 수정란이 다음 세대의 개체가 되므로 난자 또는 정자가 되는 세포 외에는 다음 세대에 전달되는 세포는 없다. 남자라면 고환의 정원세포, 여자라면 난원세포뿐이다.

뇌가 되어 아무리 멋진 것을 생각해내도, 눈이 되어 멋진 풍경을 바라본다 해도, 팔이 되어 멋진 작품을 만들어낸다고 해도 이들 장기 세포가 다음 세대에 남을 일은 없다. 가능성이 전혀 없는 이야기다.

 ## 고환도 뇌도 눈도 '만드는 세포'는 같다

복수의 사람이 인간의 몸을 만든다면 뇌, 눈, 손이 된 사람은 자신의 DNA 복제경쟁에서 완전히 지고 만다. 단지 고환이나 난소가 된 사람만이 자녀를 남길 수 있다. 그렇지만 모두 고환이 되려고 한다면 각기 분업해 인체를 만드는 것이 불가능하다. 이해가 빠른 독자라면 벌써 눈치 챘을 것이다. 자신은 자녀를 남기지 않고 협력만 한다는 것은 독자 DNA를 지닌 세포 간에 원리적으로 불가능한 일이다. 그런데 어떻게 분업이 진화한 것일까? 이는 심각한 문제가 아닐 수 없다.

여기서 말하는 사람이란 기관이 나뉠 때 세포에 해당한다. 세포가 기관으로 나뉠 때는 여기서 말한 것과 똑같은 경쟁이 원리적으로 발생하는데 그럼에도 다세포생물이나 군집성생물의 콜로니 내부에서는 기관이 분화되었다. 그럼 어떤 경우에 그런 일이 가능해지는 걸까? 여기서 열쇠는 '자신과 똑같은 유전자를 미래에 남긴다'는 의미가 무엇이냐에 있다.

유전자란 DNA(경우에 따라서는 RNA)의 특정 염기배열이다. 이것이 복제되어 자녀에게 전달된다는 것은 자녀가 같은 배열을 갖게 된다는 뜻이다. 자녀가 자신과 똑같은 배열의 DNA를 가지려면 먼저 한 가지 자신의 염기배열을 복사해 자녀에게 전달하는 방법이 있다. 정자와 난자를 만들어 수정란에 전달하는 방법이다. 대부분의 생물이 이런 방법으로 유전정보를 전달한다.

하지만 다세포생물의 생식기관 외의 세포나 알을 낳지 않는 사회성 곤충의 일하는 개체는 어떻게 자신의 유전자 염기배열을 자녀에게 전달하는 것일까?

다세포생물인 인간을 예로 설명해보겠다. 우리의 몸은 어떻게 만들어질까? 바로 체내에서 난자와 정자가 합체한 수정란이 분열해 많은 세포가 되고 각각의 세포가 다양한 기관으로 나뉘어 몸을 이룬다. 즉 원래부터 다세포생물의 몸은 단 하나의 세포에서 만들어진 것이다.

한마디로 다세포생물의 몸을 만드는 모든 세포는 기본적으로 동일한 유전자를 갖고 있다. 이 뜻은 난소도 고환도 뇌도 눈도 손도 이것들을 만든 세포는 모두 같다는 말이다. 혹시 다음 세대에 유전자를 전달하는 난소와 고환 세포가 다른 기관과 같은 유전정보를 지니고 있다면 생식세포는 다른 기관 세포의 유전정보를 다음 세대에 전달할 수 있게 된다.

부모와 자녀의 혈연도는 0.5

사실 어떤 기관이 다음 세대에 유전정보를 전달해도 문제될 게 없다. 다세포생물은 모든 체세포를 클론(clone, 단일 세포 또는 개체로부터 무성 증식으로 생긴, 유전적으로 동일한 세포군. 또는 그런 개체군)으로 만들어 세포 간 경쟁을 없애고 분업을 가능케 한 것이다. 사실 이런 방법을 사용하지 않았다면 세포 간 분업은 진화하지 않을 것이라는 표현이 정확할 것이다.

반복해서 말하지만 협력하는 복제 세포나 개체가 독자 유전정보를 지닌 경우에는 경쟁이 일어나므로 특정 세포와 개체만 자녀를 남기는 분업은 원리적으로 진화할 수 없다. 클론 세포가 협력하는 방법을 이용해서 다세포생물은 이 험난한 길에서 벗어날 수 있었다.

다세포생물은 각각의 세포를 무성생식으로 증식해 협력진화에 따른 난관을 뛰어넘어 분업체제를 진화시키는 데 성공했다. 그럼 각각 독립한 개체인 사회성 곤충의 협력은 어떻게 이루어지게 된 것일까?

동물계의 번식과 관련된 분업을 따르는 사회성(진사회성eusociality이라 부른다)은 십여 회 진화했지만 대부분은 단수배수성이라는 특수한 성결정 메커니즘을 지닌 종류로 진화했다. 일반적으로 생물은 어머니와 아버지에서 유래한 유전체 두 쌍을 체내에 지니고 있지만 단수배수성 생물의 경우 유전체를 두 쌍 가진 이배체 개체는 암컷이 되고 유전체를 한 쌍밖에 지니지 않은 미수정란에서 수컷이 발생한다.

수컷도 암컷도 이배체인 인간을 포함한 일반적인 생물은 자신이 지닌 두 개의 유전자 중 하나만을 자녀에게 전달한다. 자신이 가진 유전자가 자녀에게 전달되는 정도를 혈연도라고 하는데 이 경우 부모와 자녀의 혈연도는 0.5다.

형제나 자매의 혈연도는 어떨까? 형제와 자매도 자신처럼 이배체다. 각각이 지닌 두 개의 유전자가 들어가야 할 장소의 반

(0.5)에는 어머니가 지닌 두 개의 유전자 중 어느 쪽이 0.5의 확률로 들어 있다. 남은 반(0.5)에는 부모에서 유래한 유전자 중 하나가 역시 0.5의 확률로 들어 있다.

따라서 형제자매 간에는 유전자를 공유하는 정도가 0.5×0.5+0.5×0.5=0.25+0.25=0.5가 된다. 즉 이배체 생물은 부모와 자녀 간의 혈연도도, 형제자매 간의 혈연도도 0.5가 된다.

여동생을 키우면 이득인 반배수성 생물

하지만 반배수성 생물은 사정이 다르다. 부모와 자녀 사이에는 이배체 생물과 똑같이 혈연도가 0.5지만 딸과 여동생, 남동생 사이에는 조금 다르다. 아버지가 한 마리인 경우 수컷은 일배체이므로 아버지의 유전체는 하나밖에 없다. 그러므로 모든 암컷의 자녀는 아버지에게 유래된 같은 유전체를 지닌다.

따라서 딸의 두 개의 유전자 중 아버지로부터 받은 하나는 반드시 같은 것이 된다. 남은 반(0.5)에는 어머니에서 유래한 유전자 중 하나가 들어간다. 따라서 딸의 입장에서 보면 여동생이 자신과 같은 어머니에서 유래한 유전자를 지녔을 확률은 0.5×0.5 = 0.25가 된다. 따라서 이 딸 입장에서 여동생이 자신과 같은 유전자를 지녔을 확률(혈연도)은 0.5+0.25 = 0.75가 된다.

반대로 남동생은 어머니의 두 개의 유전체 중 하나만을 받고 아버지에서 유래한 유전자를 갖지 않으니 혈연도는 0+0.25 = 0.25가 된다.

반배수성 생물은 혈연도가 불균등해 딸 입장에서 보면 자신의 자녀(혈연도 0.5)를 낳기보다 여동생 한 마리(혈연도 0.75)를 키우는 편이 자신과 같은 유전자를 더욱 높은 확률로 미래에 전달할 수 있다.

즉 딸은 지금까지 자신이 자녀를 낳아 기르던 행동을 그만두고 어머니가 낳은 여동생을 키우는 것으로 변화함으로써 이득을 볼 수 있다. 반배수성 생물이 자신이 자녀를 낳는 것을 멈추고 어머니의 자녀를 키우는 진사회성을 반복해 진화해온 것은 육아행위의 대상을 자녀에서 여동생으로 바꾸는 것만으로도 딸이 이득을 얻는 시스템에서 유래한 것으로 추측된다.

이처럼 혈연자를 키우는 편이 유전자적으로 이익이라는 생각을 혈연선택이라고 한다. 반배수성인 벌과 개미의 경우 모든 암컷은 여왕이 만들며 그들의 사회진화는 일하는 개체의 유전적 이익을 최대화하도록 혈연선택이 작용한 결과라고 해석할 수 있다.

혈연선택을 하면 유전자적으로 이익이라는 것과 집단을 만들면 각 개체가 이득을 본다는 것, 이 두 가지 생각에는 어떤 관계가 있을까? 알기 쉽게 이배체 생물에 대해 살펴보자.

이배체 생물은 자녀와 형제자매의 혈연도는 모두 0.5로 반배수성 생물처럼 여동생을 키우는 편이 이익이 되는 관계가 아니다. 그러므로 자신의 자녀를 키우는 것을 멈추고 다른 사람과 협력하는 것이 이득이 되려면 집단을 만들어 집단 전체의 효율이 개체 혼자일 때보다 개선되어야 한다.

알기 쉽게 설명하면 두 마리로 행동했을 때 집단 전체의 생산성이 한 마리일 때의 2배보다 커야만 개체당 이익이 한 마리일 때보다 커진다. 한마디로 이배체 생물은 집단 전체의 효율이 높아지는 것이 협력진화의 필요조건이란 뜻이다.

 혈연이 아니어도 이득이다?

애꽃벌과 같이 두 마리로 행동했을 때 자녀의 생존율이 한 마리로 행동할 때보다 몇 배나 크다면 협력은 이득이 된다. 이런 경우 사실 상대가 혈연자인지 아닌지는 상관없다. 혈연관계가 아닌 개체여도 협력하는 편이 이득이다. 물론 혈연관계가 없는 개체와 협력할 때는 최소한이라도 스스로 자녀를 낳아야 한다. 자녀를 전혀 낳지 않으면 미래 세대에 자신의 유전자를 전달할 수 없기 때문이다.

이렇게 생각하면 혈연자와 협력할 경우에는 이와 같은 무리짓

기의 효과에 더해 혈연자로 말미암아 자신이 지닌 것과 똑같은 유전자가 전달되는 것이 전체를 효율적으로 만드는 데 사용될 수 있다. 이유는 자신은 전혀 자녀를 낳지 않고 콜로니를 효율적으로 만들기 위한 부품이 될지라도 자신이 이득을 볼 수 있기 때문이다. 일하는 개체 안에 병정개미가 존재하는 개미류는 이와 같은 기능으로 진화했다고 할 수 있다.

또한 반배수성 생물과 같이 자신의 자녀와 여동생 간의 혈연도에 차이가 있는 경우 육아행위의 대상을 여동생으로 바꾸기만 해도 유전적 이익(0.75 - 0.5만큼)이 늘어나므로 그룹을 만드는 것이 유리하다. 전체의 생산성이 조금 떨어진다 해도 그만큼 보상된다.

 '유전적 이익의 최대화'라는 원리

이해하기 어려운 내용일 수도 있지만, 진화생물학에서는 행동을 바꿈으로써 유전적인 이익이 생긴다면 그 정도로 전체의 생산성이 낮아지는 것이 허용된다.

즉 반배수성 생물인 경우 집단 전체의 효율 상승이 꼭 필요한 조건이 아니고 그만큼 이배체보다 협력이 진화하기 쉽다는 뜻이다. 실제로 생물의 협력도 대부분의 경우 반배수성 생물에서 일어난다. 이것은 앞에서 본 그대로다.

생물이 세포와 개체 사이에서 분업을 달성하는 데 어떤 문제가 존재하고 그것이 어떤 기제로 해결되는지를 살펴봤다. 여기서도 자신과 똑같은 유전자가 얼마나 미래의 세대에 전달되는지를 기준으로 생물이 보여준 협력 현상을 하나의 논리로 '이해'할 수 있다는 것이 증명되었다.

내 전문 분야인 진화생물학의 중요한 목적 중 하나는 이런 축에 따라 생물이 보여주는 현상을 이해하는 것이다. 한마디로 '유전적 이익의 최대화'라는 원리는 행동과 생태뿐만 아니라 생물이 보여주는 모든 현상을 아우르며 눈에 띄지 않게 끊임없이 영향을 미친다.

초개체란?

개체가 서로 협력함으로써 탄생한 사회성 생물은 개체보다 큰 콜로니라는 기능적 단위를 만들었다. 다른 콜로니와의 경쟁에서 진 콜로니는 쇠퇴하기 때문에 콜로니 전체의 형질이 경쟁에 강해지도록 선택이 이루어지는 것으로 추측된다.

예를 들어 보통 일개미와 병정개미가 있는 개미류의 경우 그 콜로니 안에 얼마만큼 병정개미가 있는지는 개체가 아니라 콜로니 수준의 성질이다. 병정개미가 20% 있는 콜로니가 가장 생존율이 높다면 그 콜로니처럼 되기 위한 선택이 이루어진다. 물론 그렇게 되도록 유충을 기르고 분화시키는 행동은 특정 유전자형에 지배를 받는 것이므로 그 현상을 개체 선택과 유전자선택이라는 관점으로 볼 수도 있다.

하지만 이와 같은 메커니즘을 통해 유리해졌는지 여부는 콜로니 수준에서 형질이 선택된다는 사실을 살펴보지 않고는 이해할 수 없다. 생명과학이란 생물이 보여주는 현상을 이해하는 것이 목적이므로 유전자의 행동만을 보고 그것이 왜 그렇게 되었는지를 이해할 수 없다.

진화 현상을 유전자의 증감만으로 환원해 생각하는 것은 생물을 깊이 있게 이해하는 데 해를 끼친다. 어쨌든 개체를 넘어선 콜로니라는 수준에서 나타나는 형질이 선택 대상이 되고 효율화되어 있다. 콜로니는 개체를 뛰어넘은 기능적 단위, 즉 '초개체'인 것이다.

 꼬마쌍살벌의 집 만들기

초개체 수준의 효율이 최적화된 사례를 몇 가지 살펴보자. 꼬마쌍살벌의 어떤 종류는 집을 만들 때 집 재료가 되는 식물 섬유(펄프)를 채집하는 일벌(운반자)과 그걸 받아 집을 건설하는 일벌(건설자)이 있다.

펄프가 얼마만큼 채집되었는지는 상황에 따라 달라지므로 운반되는 펄프의 양은 시시각각 변화한다. 건설자는 집 입구에서 펄프가 운반되는 것을 기다리고 있다가 운반된 것을 받아 건설 현장으로 날라 작업한다. 이때 일이 원활하게 진행되려면 유입되는 펄프의 양과 건설에 사용되는 펄프의 양이 맞아야 한다.

인간이라면 감독자가 있어 유입량과 작업량을 파악해 지시를 내려 작업의 흐름을 제어하지만, 벌의 뇌는 인간만큼 발달되지 않아 이와 같이 제어할 수 없다. 그래도 벌은 최적의 작업 흐름을 실현한다.

어떻게 작업을 할까? 작업이 원활할 때는 펄프를 가져온 벌(운반자)이 작업을 마치고 되돌아온 벌(건설자)에게 '바로' 짐을 전달한다. 이런 상황에서는 운반자도 건설자도 거의 기다리지 않는다.

그런데 둘 중 한 가지 일을 하는 벌이 더 많아지면 기다리는 시간이 길어진다. 펄프를 구할 수 없어 운반자가 오지 않으면 입구에서 펄프를 받으려는 건설자는 오랫동안 기다려야 한다. 건설자가 너무 적으면 운반자가 펄프를 내려놓을 때까지 기다리게 된다. 이는 효율적인 작업이 이루어지지 않는다는 신호다.

실제로 벌은 기다리는 시간이 길어지면 자신의 행동을 바꾸는 것을 선택한다. 건설자로 일하던 개체는 기다리는 시간이 길어지면 건설작업을 멈추고 펄프를 찾으러 간다. 반대로 펄프를 옮겨와 기다리던 운반자는 건설자가 되어 집짓는 작업을 한다.

이렇게 각각의 개체가 '기다리는 시간'이라는 신호를 최소화하기 위한 행동을 선택해 전체 작업의 흐름을 최적화한다.

이때 전체 흐름을 파악하는 개체는 없으며 각 개체는 자신이 직면한 '기다리는 시간'이라는 국소적인 자극에 반응해 행동을 바꿀 뿐이다. 하지만 그 결과 전체적으로 가장 효율적인 상태가 실현된다.

 개미의 의사결정 메커니즘 자기조직화

비슷한 일을 다른 곳에서도 볼 수 있다. 사무라이개미(무사개미)는 다른 개미의 집을 습격해 번데기를 강탈한다. 이때 정찰자가 습격할 집의 위치를 파악한 다음 페로몬을 방출해 행렬을 이끈다. 그런데 정찰 무리가 길을 잃고 헤매면 행렬이 앞으로 나아가지 않고 정체된다. 그러다 결국 뒤쪽 무리부터 서서히 되돌아가기 시작해 전체가 원래 집으로 되돌아간다.

행렬 중에 각 개체는 빈번하게 방향을 바꾸기 때문에 전원이 항상 나아갈 방향으로 향하는 것은 아니다. 그럼에도 모두가 집을 찾아간다. 전체가 어떻게 가고 있는지를 파악하는 개체가 없는데도 개미 집단은 합리적인 행동을 한다. 이것이 어떻게 가능할까?

사무라이개미는 다음과 같이 의사를 결정하는 것으로 추측된다.

1. 페로몬을 따른다.
2. 일정 수의 개체와 스치면 방향을 바꾼다.
3. 일정 시간 자신과 스치는 개체가 없으면 방향을 바꾼다.

이렇게 단순한 세 가지 규칙을 넣어 시뮬레이션하면 페로몬을 내뿜고 행렬을 이끄는 정찰자의 움직임을 멈췄을 때 일정 시간이 경과하면 전체가 원래 방향으로 되돌아가는 것을 볼 수 있다. 역시 개미는 국소적인 정보에 반응해 단순한 의사결정을 하지만 전체적으로 합리적인 행동을 취하는 데 성공한다.

지능이 높지 않은 생물은 이와 같이 국소적인 정보에 개체가 반응해서 전체가 합리적인 행동을 할 수 있도록 조직화되어 있다. 이처럼 중추적인 개체가 없는 조직이 개체의 단순한 행동을 통해 고도의 패턴을 만들어내는 것을 '자기조직화'라고 한다.

이 메커니즘이 고도의 지능을 지니지 않은 곤충 등의 집단이 초개체로서 전체적으로 합리적인 행동을 취하는 것을 가능케 하는 것이다.

지혜가 없는 세포도 조직을 만들 수 있다!?

 동물 알의 발생

개미 등의 콜로니에서 개체는 높은 판단력을 지니지는 않았지만 직면한 상황에 반사적으로 행동함으로써 전체가 합리적인 행동을 한다. 그래도 각 개체는 뇌를 가졌으며 일정 정도의 학습과 지각이 가능한 것으로 밝혀졌다.

한편 다세포생물의 기관 분화에서 개개의 세포는 자신이 되어야 할 기관이 되도록 이동하거나 나뉘어짐으로써 복잡한 조직으로 완성되어간다. 이 세포에는 뇌는 물론이고 신경조차 없지만 전체적으로 합리적인 행동을 취할 수 있다. 어떻게 이런 일이

가능한 걸까?

예를 들어 동물 알의 발생을 살펴보면 처음에는 하나의 세포였던 것이 두 개가 되고 네 개가 되는 등 분열해서 늘어간다. 이를 '난할'이라고 하는데 성게 등은 나누었을 때 생기는 할구의 크기가 똑같이 이등분, 사등분이 되어 등할이라고 부른다.

개구리의 알은 반구(半球)로 난할 속도가 빠르기 때문에 위는 자잘하고 아래는 큼직하게 나뉘는 부등할이 된다. 곤충의 알은 알 표면만 분열하고 내부는 분열하지 않아 표할(表割)되며 새나 파충류는 알의 극히 일부인 판상 부분만 난할이 일어나 반할이라고도 부른다. 다음 쪽의 〈그림 8〉을 참조하자.

 노른자의 역할

알은 성장하기 위해 양분을 필요로 하며 이는 난황(노른자)이라는 형태로 알 안에 담겨 있다.

성게는 소량의 난황이 전체적으로 균등하게 분포되어 있고(등난황), 개구리 알은 난황이 아래 반구에 많다(단난황). 새나 파충류는 알의 대부분이 난황이며 수정이 일어나는 세포 부분은 극히 일부다. 곤충은 알의 중심에 큰 난황이 있다(심난황).

즉 난황 부분은 분할되기 어려우며 난황이 없는 부분은 세포

그림 8. 동물 알의 발생과 난할 과정

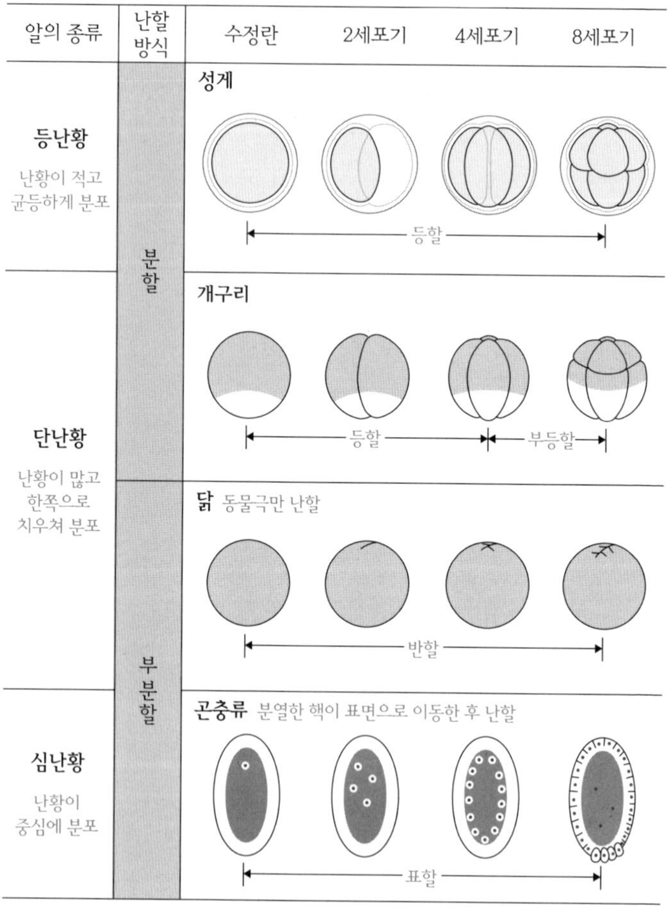

알의 종류	난할 방식	수정란	2세포기	4세포기	8세포기
등난황 난황이 적고 균등하게 분포	분할	성게 등할			
단난황 난황이 많고 한쪽으로 치우쳐 분포		개구리 등할 / 부등할			
	부분할	닭 동물극만 난할 반할			
심난황 난황이 중심에 분포		곤충류 분열한 핵이 표면으로 이동한 후 난할 표할			

※ 여기서 표할은 각 세포 기간에 맞춰 표기하지 않았다.

분열이 빠르게 일어나기 때문에 위와 같은 난할이 나타난다.

또한 동물이 진화함에 따라 난황은 크게 한 곳에만 존재하게 되며, 포유류는 다시 등할로 되돌아간다. 물론 이것에도 이유가 있다. 조류까지는 알 안에서만 발생이 진행되므로 큰 자녀를 만들어야 하는 생물일수록 큰 난황이 필요하다.

그러나 포유류는 태아와 탯줄로 연결되어 이를 경유해 영양분을 태아에게 직접 보내는 방식을 택하고 있다. 이 방식으로는 난황을 알에 축적할 필요가 없으므로 다시 난황을 가지지 않는 난세포가 되고 등할하게 되었다. 난할 양식은 알 안의 난황 분열 방법에 따라 결정되며 이는 생물의 진화와 연결된다.

 말미잘, 컵, 도넛

난할이 진행되어 알이 무수히 많은 작은 세포로 뭉치면 다음 과정이 시작된다. 알의 어떤 부분이 오므라지기 시작해 알에 원구라고 불리는 구멍이 생긴다. 이와 같은 변화가 일어나는 것은 동물은 입을 갖고 그 안쪽에 소화기관을 갖추게 되어 있어서 구멍을 뚫어 몸 안과 밖을 만들기 위해서다.

말미잘과 같이 입이 항문까지 관통되어 있지 않고 컵 같은 형태를 지닌 것은 오므라지기만 하지만, 이보다 더 태생이 진행된

동물은 입과 항문이 연결되어 전체가 도넛처럼 구멍이 뚫린 상태가 된다. 이때 오므라지기 시작한 쪽이 입이 되는 것을 선구동물, 이 부분이 항문이 되는 것을 후구동물이라 부른다.

개구리처럼 알이 복잡한 형태를 띠는 것도 있다. 이와 같이 다양한 변화가 일어나려면 세포가 이동해야 한다. 이때 세포에는 전체를 보고 자신의 행동을 결정해가는 판단 중추가 없으므로 이와 같은 변화도 자기조직화로 일어난다.

이때 난할이 진행되면서 각 부분의 세포에서 다른 유전자가 발현하게 되고 다른 화학물질을 방출하게 된다. 그러면 일부에서 화학물질의 농도가 연속적으로 변화하는 농도 경사가 생긴다. 각각의 세포는 이 농도 경사에 따라 세포 표면을 아메바처럼 이동해 간다. 이 구조가 생기면 이것을 신호로 새로운 유전자가 작용하고 다음 유도 신호인 화학물질의 농도 경사가 생겨 새로운 구조가 형성되어간다.

이렇게 계속해서 부위별로 다른 유전자가 새롭게 발현되고 각각 다른 구조가 만들어진다. 상당히 복잡한 기관들도 이렇듯 순차적인 자기조직화 과정을 통해 완성된 것이다. 세포는 각각의 장소에서 각각의 부분적 상황에 반응하는 것뿐이지만 전체적으로 보면 그럴듯한 모습을 갖춰가는 셈이다.

복잡한 형태도 자기조직화부터…

처음에는 균일한 세포의 덩어리였던 것이 각 부위별 구조로 유도되어 형태를 만들어가는 데 필요한 자기조직화가 이루어진다. 이는 최초의 신호인 화학물질의 농도 경사를 만드는 세포가 열쇠를 쥐고 있다.

그 세포가 최초의 농도 경사를 만듦에 따라 그 이후의 세포는 일부 조건에 반응하는 것만으로도 복잡한 세포 간 분업이 이루어진다.

예전에 도롱뇽의 일종인 영원의 알을 가지고 실험한 적이 있다. 발생 초기 세포 덩어리의 다양한 부분을 다른 곳으로 이식하는 실험이었는데 이때 특정 부분의 세포는 어디에 이식해도 잉태하는 반면, 어떤 세포는 이식된 곳의 운명에 따르고 마는 경우가 있다는 것이 밝혀졌다.

또한 발생 후기에는 다양한 부분의 운명이 이미 결정되어 있어 다른 곳에 이식해도 이식한 부분의 형질로 바뀌지 못하는 것으로 밝혀졌다. 유도반응으로 각각의 장소에서 새로운 유전자가 발현하고 연속적으로 형태가 만들어진다는 현재의 지식도 이와 같은 관찰이 옳다는 것을 증명한다.

지능이 없는 세포도 이와 같이 단순한 연속적 반응을 짜놓은 것으로, 복잡한 형태를 자기조직화로 만들어낼 수 있다. 반대로

말하면 생물의 형태가 이런 자기조직화를 통해 이루어지는 것
이야말로 생명이 지능으로 설계된 것이 아니라 유전자의 발현
과 이것의 단순한 반응에 따른 진화의 과정으로 만들어졌다는
현대과학의 자연관을 뒷받침하고 있다.

확실히
달걀은
노른자가
크네!

Part 3

재밌어서
밤새 읽는
생명과학

곤충이 합리적인 판단을 내릴 수 있는 까닭은?

집단으로 생활하는 생물은 한 개체로서도 행동을 결정해야 하지만, 집단으로도 어떻게 행동해야 할지 의사결정을 해야 한다. 이를 집단적 의사결정이라 부른다.

집단으로 의사를 결정한 결과는 그 집단의 운명을 좌우하므로 이때 부적절한 판단을 내리면 큰 손실을 입는다. 큰 뇌를 가진 척추동물은 지능이 뛰어난 개체가 전체 상황을 파악해 적절하게 대응할 수 있지만 각 개체의 지능이 낮은 곤충 등의 사회에서는 이처럼 합리적인 의사결정 문제에 직면하게 된다.

곤충 사회에서는 어떻게 합리적인 판단을 내릴까? 꿀벌과 개미가 새로 집을 지을 장소를 결정할 때 어떻게 행동하는지를 살펴봄으로써 그 의문을 풀어보자.

꿀벌은 꿀을 찾아 새 집으로 이사할 때, 무리가 일시적으로 나뭇가지 옆 등 임시 장소로 집합한 후 여러 곳에 정찰 벌을 내보낸다. 정찰을 나간 벌은 집으로 돌아와 자신이 보고 온 새 보금자리 후보가 괜찮은 것으로 여겨지면 동료를 그곳으로 동원하는 춤을 춘다. 이것이 그 유명한 '8자 춤'(waggle dance, 벌이 동료에게 꿀이 있는 꽃의 위치를 알려주기 위한 행동으로 이를 밝혀낸 카를 폰 프리슈는 1973년 노벨 생리의학상을 받았다)으로 벌은 좁은 범위에서 팔자를 그리듯 춤춘다.

이때 8자가 향하는 방향으로 목표지점을, 그리고 춤의 격렬함으로 목표지점까지의 거리를 전달한다. 주변 벌도 동료의 춤을 보고 그 후보지로 갔다가 원래 있던 곳으로 돌아가면 8자 춤을 춘다.

이렇게 각 장소에 차례로 벌이 동원된다. 얼마 동안은 어디를 선택할지 정해지지 않지만 하루에서 이틀 정도 지나면 특정 장소에 동원된 개체수가 많아져 그 수가 일정 수를 넘어서면 무리 전체가 주기적인 날갯짓을 시작하고 전체가 그곳을 향해 날아간다. 이때 최종적으로 가장 좋은 장소를 선택했다는 사실이 밝혀진다.

콜로니의 결정은 개체의 능력을 뛰어넘는다

개미의 상황도 비슷하다. 정찰 개체가 새로운 후보지를 보러 갔다가 돌아오면 동료를 그곳으로 동원한다. 어느 정도 시간이 지나 특정 후보지에 있는 개체수가 일정한 밀도를 넘어서면 전체가 그곳으로 이동한다. 이때도 여러 후보지 중 가장 좋은 곳이 선택된다.

이때 정찰 개체나 이에 동원된 개체는 모든 후보지를 비교하고 가장 좋은 곳으로 동료를 불러들이는 것이 아니다. 대부분의 개체는 한 후보지만 가고 그곳이 좋다고 판단하면 동료를 불러들인다.

개체는 이렇게 의사를 결정하지만 집단으로는 모든 후보지를 비교하고 선택한 것과 같은 결정(가장 좋은 곳을 선택하는 것)을 내릴 수 있다. 즉 콜로니의 결정은 개체의 능력을 뛰어넘는 것이다. 어떤 메커니즘이 이런 결정을 가능하게 하는 것일까?

벌과 개미는 집단의 의사를 결정할 때 다수결을 사용한다. 과반수인지는 모르지만 어느 정도 개체가 특정 후보지에 가게 되면 전체가 이동하므로 다수결이 사용된다는 것을 알 수 있다.

그렇다면 개체의 의사결정이 집단의 의사에 반영되기 위해서는 가능한 많은 개체가 같은 결정을 내리면 된다. 즉 질이 높은 후보지에는 많은 개체가 모이고 질이 낮은 곳에는 소수의 개체가 모이는 시스템이 필요하다.

꿀벌의 경우 질 높은 후보지로 간 개체는 춤을 출 확률이 높고 이때 춤의 강도도 격렬해진다는 것이 밝혀졌다. 또 개미의 경우는 질 높은 후보지에 갔을 때 장소를 확인하는 데 걸리는 시간이 짧다는 것이 알려졌다.

이는 더욱 좋은 후보지에 더 많은 개체를 동원하는 메커니즘으로 작용할 것이다. 한마디로 질이 높고 낮은 것에 따라 동원되는 개체수가 변하는 올바른 피드백이 작용하는 것이다. 하지만 위의 메커니즘이 언제나 올바른 피드백을 불러오는지는 아직 밝혀지지 않았다.

개미의 예에서는 후보지까지 거리가 같을 경우 이런 피드백이 적용되긴 했지만 실제 자연환경에서는 여러 후보지들의 거리가 같다고 할 수 없다. 이와 같은 경우에도 적용되는 원리는 아직 발견되지 않았다. 앞으로 더 많은 연구가 기대되는 부분이다.

 곤충이 다수결을 이용하는 이유

한 가지 더 흥미로운 점은 '왜 다수결을 이용하는가?'일 것이다. 여기에는 두 가지 이유를 생각할 수 있다.

그것은 결정이 잘못될 확률을 낮추는 것과 올바른 결정을 내릴 확률을 높이는 것이다. 먼저 아주 적은 수의 판단에 기초해 집단의 의사를 결정하는 경우 이 개체가 잘못된 판단을 내리면 집단 전체가 잘못될 위험이 커진다.

개체는 잘못된 판단을 내릴 가능성이 있다. 예를 들어 한 마리의 잘못된 결정으로 전체의 의사를 결정하면 되돌릴 수 없는 사태가 벌어진다. 하지만 많은 개체가 합의해 내린 결정은 모두가 잘못될 일은 거의 없으므로 위험이 줄어든다.

특히 곤충과 같이 개체의 능력이 높지 않은 동물은 다수결을 이용하는 것이 잘못될 확률을 낮추는 효과가 클 것이다.

다음으로 올바른 결정을 내릴 확률도 어떤 조건을 만족하면 다수결이 효과적이다. 그 조건이란 개체가 정답을 선택할 확률이 우연보다 높다는 것이다.

예를 들어 두 개의 선택지 중 무작위로 하나를 선택할 때 정답일 확률은 0.5다. 여기서 개체가 정답을 고를 확률이 0.7이라고 하면(우연보다 높다면) 한 마리로 전체의 의사를 결정할 때 정답률은 0.7이다.

하지만 '세 마리 중 두 마리가 정답을 선택했을 때 전체의 의사가 된다'라는 다수결을 도입해보자. 세 마리가 각각의 의사를 결정할 때 선택이 이루어질 확률을 다음의 〈표 2〉에 표시했다. 두 마리 이상이 찬성한 답을 전체의 답으로 삼으면 그것이 정답일

표 2. 세 마리 각각의 의사결정이 정답일 확률

개체 A	개체 B	개체 C	전체	일어날 확률
○	○	○	○	0.7×0.7×0.7=0.343
○	○	×	○	0.7×0.7×0.3=0.147
○	×	○	○	0.7×0.3×0.7=0.147
○	×	×	×	0.7×0.3×0.3=0.063
×	○	○	○	0.3×0.7×0.7=0.147
×	○	×	×	0.3×0.7×0.3=0.063
×	×	○	×	0.3×0.3×0.7=0.063
×	×	×	×	0.3×0.3×0.3=0.027
				합계 1.0

확률은 0.343+0.147+0.147+0.147 = 0.784가 되는 것을 알 수 있다. 이는 한 마리로 의사를 결정할 경우의 정답률 0.7보다 높다. 참으로 뛰어난 지혜가 아닐 수 없다.

 다수결의 장점과 단점

다수결에 필요한 개체의 수가 늘어나면 정답률은 점점 올라간다. 즉 한 개체가 정답을 낼 확률이 우연히 선택할 때보다 높을 때는 다수결로 정답을 얻을 확률이 한 개체로 의사를 결정할 때

보다 높아진다.

개미나 벌은 자연선택을 적용받고 있으므로 한 개체가 정답을 선택할 확률은 당연히 우연히 선택할 때보다 높아지도록 진화했다고 생각할 수 있다. 즉 다수결로 정답을 얻을 확률은 높아질 것이다. 하지만 한 가지 주의할 것이 있다. 개체가 정답을 낼 확률이 우연히 선택할 때보다 낮을 때 다수결은 반대로 높은 확률로 틀린 답을 선택하게 된다는 뜻이다. 다수결은 만능이 아니다.

인간 사회에서도 민주주의를 실현시키기 위해 다수결을 원칙으로 삼고 있지만 인간 개인이 정말로 우연히 선택할 때보다 높은 확률로 올바른 답을 선택할 능력을 지니고 있는지는 알 수 없다.

다수결에는 또 다른 약점이 있다. 의사결정까지 시간이 걸린다는 것이다. 이는 어쩔 수 없는 일이다. 이는 '집단 전체가 의사결정의 정족수를 몇으로 할 것인가'라는 문제와 관련이 있다.

정족수를 늘렸을 때 정답률이 어느 정도 올라간다는 장점이 있지만 의사결정까지 시간이 걸린다. 따라서 이 둘의 균형을 맞춰 정족수를 선택할 것이다. 즉 급할 때는 정확성을 희생해서라도 소수 개체로 의사를 결정해야만 한다.

과연 곤충의 세계에서도 시급히 의사결정을 해야 할 때 정족수를 낮출까?

 생명과학의 최대 과제는 뇌의 비밀을 푸는 것

집단성 곤충의 경우 개체의 단순한 판단이 통합되어 전체가 개체의 능력을 뛰어넘는 정확한 판단을 내릴 수 있다. 하지만 뇌가 발달한 포유류 등의 무리에서는 아주 적은 수의 리더가 있고 그 리더가 집단 전체의 상황을 파악해 의사를 결정하는 방법을 활용한다.

이 방식이 유리하려면 리더가 정확하게 판단할 확률이 다수결에 따른 집합적 의사결정보다 높아야 한다. 혹은 결정할 시간이 없을 때도 정확한 판단을 내려야 한다. 한마디로 리더의 능력이 높아야 한다.

리더는 다양한 상황을 생각해 최선의 판단을 내린다. 포유류가 이를 실현할 수 있는 이유는 무엇일까? 포유류는 다른 동물에 비해 발달된 뇌를 지녔기 때문이다. 특히 인간의 뇌는 다른 동물에게는 불가능한 고도의 추상적 지능 활동도 할 수 있을 만큼 발달되어 있다. 인간이 인간일 수 있는 것도 뇌가 존재하기 때문이라고 해도 과언이 아니다.

뇌가 어떻게 이런 일을 할 수 있는가에 대해서는 전혀 밝혀지지 않았다. 이를 해명하는 것은 현재 생명과학의 가장 큰 과제 중 하나이며 다양한 접근이 시도되고 있지만 원리적인 수수께끼가 풀린 것은 아니다.

그러나 뇌가 어떤 모습을 하고 있는지는 밝혀졌다. 뇌의 말단은 신경세포다. 신경세포는 얇고 긴 세포로 길게 늘어선 축삭과 그 끝에 있는 돌기로 이루어져 있다. 신경세포가 자극을 받으면 축삭 안의 양쪽을 향해 전기 자극으로 흥분이 전달된다. 자극을 받은 신경세포는 한쪽 끝에서만 신경전달물질을 내보내 다음 신경세포의 돌기에 흥분을 전달한다.

이 메커니즘으로 신경세포는 받은 자극을 한 방향으로만 전달하는 시스템으로 움직이고 있다.

콜로니와 뇌는 닮았다

뇌에는 이런 신경세포가 무수히 모여 있으며 서로 네트워크를 형성하고 있다. 하지만 네트워크가 있는 것만으로도 좋다면 공상과학 영화에서 자주 볼 수 있듯이 인터넷이 지능을 지녀도 이상할 것이 없다.

하지만 현실에서는 그렇지 않다. 이는 네트워크 형성이 중요한 것이 아니라 이를 어떻게 사용하는지가 문제이기 때문이다. 그렇지만 직접 뇌세포 하나하나를 다루는 것이 쉽지 않아서 실험을 하기에도 힘든 부분이 많다. 이런 이유 때문에 지능 연구가 어려운 것이다.

말단에 On/Off라는 단순한 판단만 할 수 있는 신경세포가 모여 높은 정확도로 상황을 추정해 합리적인 판단을 내릴 수 있는 뇌. 이는 어떤 것과 닮아 있다. 바로 개미와 벌의 콜로니다. 모두 단순한 판단만 가능한 말단 소자(素子)로 구성되어 있는데도 전체적으로 소자의 능력을 뛰어넘어 합리적 판단을 이뤄낸다. 개미와 벌의 콜로니는 뇌와 닮은꼴이다.

그렇다면 벌과 개미의 콜로니가 어떻게 이와 같은 일을 할 수 있는지를 알면 원리적으로 뇌의 수수께끼도 풀 수 있을지 모른다. 적어도 컴퓨터 등을 이와 같이 연결해 판단하게 하면 하나의 능력을 뛰어넘은 판단을 내릴 수 있을 것이다. 바로 인공지능을 말하는 것이다.

　벌과 개미 사회의 연구는 이처럼 의외의 연구 분야와 연결되어 있다.

인간은 감정의 동물

뇌가 어떤 기능을 하는지는 아직도 많은 부분이 수수께끼로 남아 있다. 인간의 뇌는 무척 크고 복잡하지만 처음부터 그랬던 것은 아니다. 뇌는 훨씬 단순한 생물에도 존재하며 점점 복잡해져 인간 뇌의 형태로까지 발전하게 되었다. 뇌를 움직이는 기본 메커니즘이 신경세포의 집합이라는 점은 뇌를 가진 동물이 공통적으로 가지고 있는 특징이다.

인간의 특징 중 하나는 고도의 감정이 존재한다는 것이다. 인간은 다양한 감정을 표현하기 위해 문학, 미술, 음악 등의 예술

분야를 발전시켰다고 해도 과언이 아니다. 또한 인간이란 실제로 감정의 동물이어서 아무리 합리적인 일이라도 자신이 싫으면 받아들이지 않는다.

인간 세계의 모든 문제는 다른 사람의 감정을 무시한 채 자신에게만 합리적인 것을 추구하는 데서 기인한다고 할 수 있다. 누가 보아도 반드시 올바른 것이 있다면(있다고 확신하는 사람도 있지만) 이 세상이 과연 다툼으로 들끓겠는가?

 ## 의식과 몸, 어느 쪽이 먼저?

인간에게 다양한 감정이 존재하는 것은 분명하지만 이런 감정이 무엇을 위해 존재하는 것인지는 잘 모른다. 공포라는 감정이 존재하는 것은 자신에게 해를 끼칠 수도 있는 것에 대항하거나 도망치기 위한 것이라는 의미가 있지만, 기쁨, 행복, 슬픔, 만족감이라는 감정이 왜 존재하는지는 전혀 설명할 수 없다. 개나 원숭이를 보면 이와 같은 감정은 우리 인간에게만 있는 것이 아니라 동물에게도 존재하는 듯하다. 하지만 왜 이런 감정이 있는 걸까?

또한 우리는 의식이라는 것을 지니고 있는데, 의식도 어떤 이유로 진화해온 것인지 알 수 없다. 한 연구에서는 어떤 상황이 일어났을 때 뇌가 자신이 그 상황에 대해 무엇을 하고 있는지 의식하기 전에 이미 몸이 반응하기 시작했다는 결과가 보고되었다.

이것이 맞다면 우리는 의식에 따라 몸을 통제하는 것이 아니라 몸의 반응에 따르는 형식으로 의식이 나중에 발생한다고 할 수 있다. 왜일까?

이처럼 잘 이해할 수 없는 의식과 감정, 즉 마음의 움직임 중에서도 신기한 것은 '우울한 감정'이다. 사람은 우울해지면 감정의 움직임이 마비되고 특히 기쁨과 행복 같은 감정과 의욕이 사라진다. 어떤 일도 비관적으로 느껴져 무척 괴롭다.

생리학적으로 우울한 상태가 되면 뇌의 신경세포에서 분비되는 신경전달물질이 잘 분비되지 않는 것으로 밝혀졌고 이를 개선하는 작용을 하는 화학물질(=항우울제)은 우울증 개선에 효과가 있다는 것도 밝혀졌다. 우울증은 강한 스트레스를 받았을 때 발생한다고 알려져 있는데, 환경에 적응하는 데 필요한 것인지는 아직 정확히 알 수 없다.

 우울해진 가재

인간과는 동떨어진 동물에게서도 이런 증상이 발견되는 것으로 보아 '우울감'은 동물이 뇌를 갖게 되면서 동시에 나타나는 현상으로 이해할 수 있다. 또한 그 감정이 그렇게 오랫동안 유지되어

온 것이라면 동물이 환경에 적응하는 데 어떤 의미를 갖기 때문이라고 생각할 수 있다. 우울감이 환경에 적응하는 데 불리하게 작용한다면 오랜 생명의 역사에서 도태되었을 것이기 때문이다.

동물에게도 우울감이 존재할까?

이 명제에 대해 몇 가지 흥미로운 연구 결과가 발표되었다. 먼저 가재 이야기다. 수컷 가재는 암컷을 둘러싸고 다른 수컷과 싸우는데 싸움에 진 가재는 얼마간 싸우지 않으려고 한다. 이때 가재의 뇌를 조사하니 신경전달물질의 분비가 적다는 것이 확인되었다. 의욕을 상실한 가재 뇌의 생리 상태는 우울 상태인 사람과 비슷했다. 진 것에 스트레스를 받고 일종의 우울 상태에 빠진 것이라 해석할 수 있다.

그리고 우울 상태인 가재에게 항우울제를 투여하니 다시 싸움에 나선다는 것도 밝혀졌다. 역시 뇌 신경전달물질의 분비량과 적극적인 행동 및 소극적인 행동의 표현은 관련이 있다.

수컷이 엄니를 지닌 미곡저장해충이라는 곤충도 이와 같이 우울해진다는 것이 밝혀졌다. 이 경우에도 싸움에서 진 수컷은 얼마간 싸우지 않는데 이 기간이 3일 정도라는 것이 밝혀졌다. 3일이 지나면 진 것을 잊어버린 듯 다시 싸움에 나선다.

그리고 이 회복 시간이 짧은 것과 긴 것을 선택해 성질이 비슷한 것끼리 교배하기를 반복하니 진 사실을 이틀이면 잊는 것과 나흘이 지나도 잊지 못하는 계통을 만들 수 있었다. 이와 같이 '진 것을 잊는 시간'에는 유전적 배경이 있으며 따라서 인위적으로 진화시킬 수 있다는 것을 알 수 있다. 이는 실제 진 것을 잊는 데 사흘이 걸리는 것도 진화의 산물이라는 뜻이다.

이 예에서는 뇌 안에 있는 신경물질의 양은 잴 수 없었지만 가재와 같은 현상이 일어난다면 스트레스를 받았을 때 우울해져 소극적인 행동을 하는 것은 무언가에 적응하기 위해 진화한 것이라는 사실을 알 수 있다.

 비관적인 꿀벌

꿀벌의 경우에는 더욱 흥미로운 사실이 밝혀졌다. 꿀벌에게 스트레스를 주면 비관적으로 미래를 예측해 행동한다고 알려져 있다. 이 경우에도 뇌 안 신경전달물질의 분비가 저하된다. 역시 인간과 같은 생리적 메커니즘으로 우울함이 일어난다고 해석할 수 있다. 게다가 꿀벌은 비관적이 되기까지 한다.

최근 물고기 연구에서 강에 항우울제 성분이 흐르면 물고기가 대담한 행동을 한다는 보고가 있었다. 아마도 정상적인 상태보다 신경전달물질의 분비량이 많아져 인간처럼 들뜬 상태가 되었을 것이다. 들뜬 상태가 되면 생존율이 떨어지는 것이 분명하므로 우울함은 반대로 생존율을 높이는 효과가 있을지 모른다.

　이것도 인간 마음의 기능이 뇌를 처음으로 가졌던 선조로부터 계승되어 진화한 것이라는 것을 나타내는 것이다. 그렇다면 우울함도 어떤 의미있는 기능이 있는 것이 확실하다.

 ## 유전 현상을 지배하는 것

생명과학 교과에서 학생들이 아주 잘 알거나 전혀 모르는 것이 분명히 갈리는 분야가 바로 유전이다. 나는 몇 가지 원칙을 알면 유전 문제는 대부분 쉽게 풀 수 있어서 좋아했지만, 의외로 어렵다고 느끼는 사람이 많은 것 같다. 유전 현상은 우연과 확률이 지배하므로 이것이 어려운 사람은 이해하기 어렵기 때문일 것이다.

그리고 같은 원리가 바탕인 현상에 여러 가지 이름이 붙어 있어 그 논리를 이해하기 어려울지도 모른다.

그럼, 지금부터 알기 쉽게 유전을 설명해보겠다.

고등학교 생명과학에서 유전이 다루어지는 것은 '이배체 생물'의 유전 현상이다. 이배체 생물이란 머리부터 발끝까지 유전자 집합(유전체)을 2개 지닌 생물을 말한다. 물론 한쪽은 어머니에게, 한쪽은 아버지에게 받은 것이다.

인간을 포함한 이배체 생물은 번식할 때 어머니가 난자를, 아버지가 정자를 생산하고 이것이 합체하면(수정) 자녀가 태어난다. 이때 어머니와 아버지는 유전체를 2개씩 갖고 있어 난자와 정자를 만들 때 그중 한 쌍만을 내놓는다.

즉 난자와 정자, 즉 각각의 생식세포(배우자)는 유전체를 하나씩만 가진 일배체다. 일배체가 된 정자와 난자를 합체시켜 다시 부모와 같은 이배체 자녀를 만든다. 이것이 이배체 생물의 번식 구조다.

 ## 멘델의 분리 법칙

유전체는 생물의 다양한 성질을 지배하는 유전자 덩어리인데 어떤 성질(예를 들어 검은 머리카락)을 결정하는 유전자는 유전체 안의 특정 장소에 존재한다. 이곳을 유전자 좌(유전자 자리)라고 한다. 유전체는 2개씩 있으므로 한 마리의 생물 안에는 유전자가 2개 존재한다.

특정 성질을 나타내는 유전자는 특정 기호로 표현된다. 앞에서도 예를 들었듯이 머리카락의 검은 색소를 만드는 유전자를 B, 머리카락을 금색으로 만드는 유전자를 G라고 표시해보자. 그러면 한 개체는 두 개의 유전자를 갖고 있으므로 가능한 조합은 BB, BG, GG의 세 가지다.

예를 들어 BG의 조합을 가진 부모가 생식세포를 만들 때 생식세포가 지닌 유전자는 B 또는 G 중 하나가 된다. 또한 어느 유전자가 생식세포에 들어갈지는 우연히 결정되므로 B : G = 1 : 1의 비율로 생식세포가 만들어진다. 이것이 '멘델의 유전법칙 중 분리의 법칙'이다.

이때 자녀는 아버지와 어머니의 생식세포가 합체된 것이므로 부모와 함께 BG의 유전자형이라고 하면 어머니와 아버지는 각각 B와 G의 생식세포를 1 : 1의 비율로 만들므로 그것이 합체해 생기는 자녀의 유전자형은 BB, BG, GB, GG가 1 : 1 : 1 : 1의 비율이 된다(35쪽의 〈표 1〉 참조). 이것이 기본이다.

BB : BG : GG라고 표현하며 비율은 1 : 2 : 1이 된다. 부모 모두 BB라면 자녀는 BB : BB : BB : BB = 1 : 1 : 1 : 1로, 어머지가 BG이고 아버지가 GG라면 자녀는 BG : BG : GG : GG = 1 : 1 : 1 : 1이 된다.

자녀의 머리색은 무슨 색이 될까?

각각 유전자형을 지닌 자녀의 머리색은 무슨 색이 될지 생각해 보자. B라는 유전자를 가진 개체는 검은 색소를 만들므로 머리색은 검게 된다. BB여도 BG여도 마찬가지다. 두 개의 유전자를 GG라는 조합으로 지닌 개체만이 검은 색소를 만들지 않으므로 머리카락이 금색이 된다.

자녀에게 나타나는 성질을 유전자형과 구별하기 위해 표현형이라고 부른다. 그러면 부모와 함께 BG의 유전자형에서 나타나는 자녀의 표현형은 BB(검정):BG(검정):GB(검정):GG(금) = 1:1:1:1이 되므로 검정:금 = 3:1이 된다.

대립유전자 간에 우열관계가 있으며 어느 것을 가진 개체에 그 성질이 반드시 나타나는 것을 '우성(우열)의 법칙'이라고 한다. 이 법칙은 모든 대립유전자 사이에서 성립하는 것은 아니지만 머리색처럼 어떤 화학반응을 일으키는 효소를 만들거나 만들지 않는 듯한 대립유전자 사이에서는 자주 볼 수 있다. B는 검은 색소를 합성하는 효소를 갖고 있으므로 그렇지 않은 G에 대해 우성이다.

만약 BB에서는 색소가 많이 생기는데 BG에서는 조금밖에 생기지 않는 양적 관계가 있다면 BB는 검정이 되고 BG는 갈색이 될지 모른다. 이 경우 우성의 법칙은 불완전해 표현형의 비는 검

정 : 갈색 : 금 = 1 : 2 : 1이 된다.

즉 3 : 1이 될 것인지 1 : 2 : 1이 될 것인지는 분리의 법칙에 바탕을 둔 생식세포의 비율과 대립유전자 사이에 어떤 관계가 있는지에 따라 결정된다. 여기까지 이해할 수 있었는가? 이해했다면 유전 문제는 대부분 풀 수 있다.

그 이유는 모든 유전 현상은 형질을 결정하는 데 몇 가지 유전자 좌가 관계되어 있으며(위의 예에서는 한 유전자 좌) 각각의 유전자 좌에 대립유전자가 몇 가지 있고 대립유전자 사이에 어떤 관계가 있는지에 따라 결정되기 때문이다.

 유전의 대원칙을 이해하자

멘델이 발견한 유명한 유전의 3법칙(분리, 우성, 독립)이 있다. 그중 독립의 법칙은 다른 성질을 지배하는 유전자 좌는 다른 유전자 좌의 움직임과 무관하게 생식세포에 들어간다는 것이다.

독립의 법칙이 성립하지 않는 때가 있다. 유전체는 몇 가지 염색체로 나뉘어 생식세포에 전달되므로 다른 유전자에 존재하는 유전자 좌끼리는 독립의 법칙이 성립하지만 같은 염색체와 아주 가까이에 있는 유전자 좌끼리는 함께 움직이기(연관한다) 때문이다.

이와 같은 예외가 차례로 나오므로 유전을 이해할 수 없다는 사람이 많을 수 있다. 하지만 대원칙은 다음과 같이 단순하다.

1. 개체가 지닌 두 개의 유전자가 생식세포에 하나씩 들어가 그것이 다시 조합되는 것으로 자녀의 표현형이 생긴다.
2. 생식세포 하나가 생길 때 부모가 지닌 유전자 중 어느 것이 들어갈지는 우연히 결정된다.

우연과 확률, 이 두 가지만 이해하면 유전은 무척 쉽다. 사실 유전 현상이 의도적으로 우연에서 벗어나거나 확률을 따르지 않을 이유가 없다. 이 원칙의 예외가 있다면 어떤 메커니즘이 그런 예외를 일으키는지를 이해하면 된다.

유전은 생식세포와 그 위에 있는 유전자가 어떻게 행동하는지, 유전자가 어떻게 표현형을 결정해가는지 같은 단순한 기계적인 행동의 결과에 지나지 않는다. 분리의 법칙이라는 대원칙이 기본이고, 이를 바탕으로 우성의 법칙과 독립의 법칙이라는 가끔 예외적인 법칙이 작용할 뿐이다. 이러한 법칙이 단계적으로 작용해서 어떤 표현형이 어떤 비율로 탄생하는지가 결정되는 것이다.

이 법칙이 어떤 순서로 작용하는지, 그것이 어떤 결과를 가져오는지를 차근차근 생각하다보면 의외로 쉽게 이해할 수 있게 된다. 지금까지 보아온 다른 생명 현상과 기본적으로 다르지 않다는 것도 알 수 있게 될 것이다.

 ## 조합으로 표현형이 결정된다

어떤 성질의 발견에 대해 하나의 유전자 좌에 두 개의 대립유전
자가 관여할 때의 유전 현상은 '한 유전자 좌 두 대립유전자 모
델'이라고 불리는 것으로 설명할 수 있다. 명칭은 복잡하지만 원
리를 알면 그리 어렵지 않다. 머리색이 B라는 유전자가 있으면
(유전자형 BB 또는 BG) 검어지고 GG일 때만 금색이 된다는 것이 이
모델이다.

한 유전자 좌 두 대립유전자 모델에서 표현형의 분리비는 3:1
또는 1:2:1다. 이를 합하면 4가 된다. 즉 두 개의 대립유전자가

각 생식세포로 들어가 그 조합으로 표현형이 결정되므로 어머니 쪽 유형×아버지 쪽 유형 = 4개의 유전자 좌가 되며 이것이 어떤 표현형이 될 것인지로 결과가 결정되기 때문이다.

가끔 특정 유전자형이면 자녀가 죽기도 하는 경우가 있어서 이 경우만 표현형의 비율이 예외적으로 바뀐다. 예를 들어 머리색은 GG라는 유전자형이 되면 죽는다고 하자(치사유전자라고 한다). 그러면 자녀 중에서 가능한 유전자형은 원칙대로 BB : BG : GG = 1 : 2 : 1이 되지만 BB와 BG는 표현형이 검정, GG는 죽으므로 표현형의 비율은 검정 : 금 = 3 : 0이 된다.

즉 어떤 유전자형이 어떤 비율로 나타나는지 그리고 각각의 유전자형이 어떤 표현형이 되는지가 내용의 전부다. 전혀 어려울 것이 없다.

 두 개의 유전자 좌를 생각한다

이것의 발전된 형태로 '두 유전자 좌 두 대립유전자 모델'이 있다. 한 유전자 좌 두 대립유전자 모델에서는 성질을 결정하는 유전자 좌는 하나뿐이었지만 이번에는 성질을 지배하는 유전자 좌가 두 개여서 각각에 대립유전자가 두 개씩 있는 경우다.

두 개의 유전자 좌를 생각해야 하므로 그 사이에 독립의 법칙이 성립하는지 여부가 문제가 되는데 독립의 법칙이 완전히 성립하고 서로의 유전자 좌에 어느 쪽 대립유전자가 들어갈지는 다른 하나의 유전자 좌에 어떤 유전자가 들어갈지에 영향을 미치지 않는 경우만을 생각하면 된다. 이런 경우에서 벗어나는 것은 역시 예외일 뿐이다.

두 개의 유전자 좌가 있고 각각에 A, a와 B, b로 두 개씩 대립유전자가 있다고 하자. 이때 생식세포 유전자형이 어떻게 되는지를 생각하면 가능한 조합은 네 가지로 AB, Ab, aB, ab = 1:1:1:1이 된다. 어머니도 아버지도 이와 같이 생식세포를 만들므로 수정란의 유전자형은 다음의 〈표 3〉과 같이 4×4 = 16가지가 된다.

생식세포의 유전자형의 조합이 늘어난 만큼 복잡해지지만 한 유전자 좌 두 대립유전자 모델의 경우와 마찬가지다. 조합이 4개이므로 유전자형이 16개로 늘어났을 뿐이다. 나머지는 어떤 대립유전자를 갖고 있으면 어떤 성질이 될 것인가라는 대립유전자 간의 상호작용만 생각하면 된다. 이것도 한 유전자 좌 두 대립유전자 모델과 마찬가지다.

표 3. 두 유전자 좌 두 대립유전자의 표현형

		난자			
		AB	Ab	aB	ab
정자	AB	AABB	AABb	AaBB	AaBb
	Ab	AABb	AAbb	AaBb	Aabb
	aB	AaBB	AaBb	aaBB	aaBb
	ab	AaBb	Aabb	aaBb	aabb

 유전은 단순한 현상

A와 B가 있는 경우의 표현형을 [AB], A가 있지만 B가 없는 경우를 [Ab]로 적어보자. 〈표 3〉을 보면 알 수 있듯이 [AB] : [Ab] : [aB] : [ab] = 9 : 3 : 3 : 1이 된다.

합계는 당연히 16이다. 이때 표현형의 분리비가 어떻게 되는지는 두 개의 유전자 좌에 있는 대립유전자가 어떤 조합일 때 어떤 성질을 나타내는지에 따라 결정된다.

예를 들어 A가 빨간 색소를, B가 파란 색소를 만든다면 [AB] :

[Ab] : [aB] : [ab] = 보라 : 빨강 : 파랑 : 하양 = 9 : 3 : 3 : 1이 된다. A 와 B가 양쪽에 있으면 꽃이 빨강, 한쪽에 있으면 분홍이 된다고 하면 빨강 : 분홍 : 하양 = 9 : 6 : 1이 될 것이다.

A, B 중 어느 것을 가지면 빨강이 된다고 하면 빨강 : 하양 = 15 : 1이 될 것이다. 쉽지 않은가?

유전은 이렇게 단순한 현상이다. 다음 두 가지만 확실히 알면 된다.

1. 어떤 대립유전자를 지닌 생식세포가 어떤 비율로 발생하고 그 조합으로 어떤 유전자형을 지닌 수정란이 어떤 비율로 생기는가?
2. 대립유전자의 조합에 따라 어떤 성질이 나타나는가?

전자는 분리의 법칙, 독립의 법칙을 바탕으로 결정되며 후자 는 상황에 따라 결정된다. 문제를 어렵게 만드는 것은 앞에서 말 했듯이 표현형의 분리비가 바뀌는 경우 '동의유전' 등과 같이 다 른 이름이 붙기 때문이다. 대부분 다른 이름이면 다른 현상이라 고 생각하고 만다.

물론 예전에는 유전 시스템을 잘 몰랐기 때문에 각각의 현상 을 다른 현상으로 이름 붙였던 것이다. 하지만 여기서 설명했듯

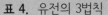

표 4. 유전의 3법칙

법칙	내용
분리의 법칙	한 쌍의 대립유전자는 생식세포를 형성할 때 각각 분리되어 서로 다른 생식세포로 들어가며 그 분리비가 1:1이 된다.
우성(우열)의 법칙	하나를 지니면 형질을 나타내는 우성유전자와 두 개를 지니지 않으면 표현되지 않는 열성유전자가 있다. 이처럼 우성과 열성 두 개의 형질이 있을 때 우성 형질만 드러난다.
독립의 법칙	다른 유전자 좌는 서로 연관되는 경우를 제외하고 서로에게 관계없이 독립적으로 생식세포에 분배된다.

(각 유전자 좌의 유전자는 분리법칙을 따른다.)

이 이것은 단순한 원리에 바탕을 둔 같은 현상으로 대립유전자의 표현형에 미치는 영향이 다를 뿐이다.

생명과학이 외울 것이 많고 재미없는 학문이라 여겨지는 것은 현재에는 현상을 꿰뚫는 원리가 밝혀졌는데 이에 기초해 이해할 수 있도록 가르치지 않기 때문은 아닐까?

 연관과 유전체

마지막으로 연관에 대해 살펴보자. 생물의 머리부터 발끝까지를 만들어내는 유전자 집합의 한 쌍을 유전체라고 한다. 유전체는 무척 긴 한 개의 DNA라고 할 수 있다. 하지만 너무 긴 DNA는 관리하기 어려우므로 실제로 대부분의 생물에서 유전체는 몇 개로 나눠 각각이 염색체로 보관되어 있다. 하나의 염색체 상에는 많은 유전자 좌가 있다. 즉 그것들은 하나의 DNA에 있는 것이다.

부모가 지닌 두 개의 염색체 중 하나만 생식세포에 들어간다. 그러므로 (여기가 중요하다!) 같은 염색체 상에 있는 다른 유전자 좌의 유전자는 모두 함께 이동한다. 즉 이 유전자 좌에는 독립의 법칙이 작용하지 않는다. 이와 같은 유전자 좌는 서로에게 연관되어 있다고 말한다.

A와 B가 연관되면 AB라는 유전자형은 생식세포에 그대로 전해진다. 독립의 법칙이 성립하지 않는다. 이 경우 두 유전자 좌가 있음에도 유전의 양식은 한 유전자 좌의 경우와 같아진다.

더 복잡한 것은 두 개의 유전자 좌가 연관되어도 유전자 좌의 거리가 멀면 조합이 바뀔 때가 있다. 물론 여기에도 이유가 있다.

생식세포가 만들어질 때 DNA가 복제되는데 이때 두 개의 대립하는 동일 염색체가 늘어서서 각각 복제된다. 이때 두 개의 DNA 사슬이 서로 바뀌어서 연결되는 경우가 있다. 그러면 AB,

Ab와 같은 연관이 있어도 중간에 바꿔 연결되는 것으로 Ab나 aB의 유전자형을 지닌 생식세포가 생긴다. 이를 '교차'라고 부른다. 재조합이 어느 정도의 비율로 일어나는지는 두 개의 유전자 좌가 얼마만큼 떨어져 있는가에 따라 달라진다. 가까우면 일어나기 어렵고 멀면 일어나기 쉽다.

일정 정도 이상 멀면 빈번하게 재조합이 일어나므로 독립의 법칙이 성립하는 것과 같은 상태가 된다. 생식세포가 만들어질 때 두 개의 유전자 좌 사이에 어느 정도 재조합이 일어나는지는 자녀 표현형의 분리비로 생식세포의 유전자형을 살펴봄으로써 추정할 수 있다.

예를 들어 연관이 없으면 AB:Ab:aB:ab = 1:1:1:1이 되지만 똑같이 AaBb의 유전자형을 지닌 부모에서 얻은 자녀의 유전자형이 AB:Ab:aB:ab = 9:1:1:9라고 하면 AB, ab라는 연관이 있어 10%의 비율로 재조합이 일어났다는 것을 알 수 있다. 이 크기의 차이에서 유전자 좌가 어떤 순서로 존재하고 어느 정도 떨어져서 존재하는지도 알 수 있다.

예를 들어 세 개의 유전자 좌 X, Y, Z 사이에서 재조합률을 예측했을 때 X-YX-Y = 10%, Y-Z = 3%, X-Y = 7%였다면 순서는 X-Y-Z로 그 거리는 7:3이다.

생물 현상의 기반에는 진화가 있다

유전자를 이루는 물질이 DNA이며 유전자는 DNA의 염기배열에 의해 구성된다는 것, 이배체 생물은 유전자 집합인 유전체를 두 쌍 갖고 있다는 것은 생식세포 형성시 분리의 법칙과 재조합을 통해 통일적으로 이해할 수 있다. 생물이 나타내는 다양한 현상 역시 기본이 되는 사실과 법칙을 바탕으로 상호 연관해 계층적으로 일어나는 것이다.

따라서 이 상호 관계를 이해하면서 전체를 이해하는 것이 생명과학을 잘하게 되는 지름길이다. 진화는 모든 생물 현상의 기반이 된다. 진화의 메커니즘과 그것이 어떤 결과를 가져오는지를 다른 생명과학 공부에 앞서 미리 이해해둔다면 생명과학의 전체를 더욱 쉽게 공부하고 파악할 수 있을 것이다.

성(性)이
출현한
이유

 성이라는 커다란 수수께끼

유전의 법칙은 이배체 생물에서는 두 개의 유전체 중 한쪽을 생식세포에 넣고 그것을 다른 개체가 만든 생식세포와 합체해 다시 이배체의 몸을 지닌 자녀를 복원할 때 나타나는 현상이다.

이처럼 자신이 지닌 유전정보와 다른 개체가 지닌 유전정보를 합해 자녀를 만드는 것, 다시 말해 암수가 구분된 것을 '성'이라 부른다. 인간을 비롯해 성을 지닌 생물은 무척 많으며 지상의 생물 대부분이 성을 지니고 있다. 하지만 잘 생각해보면 성은 생명과학에서 가장 큰 수수께끼다.

이해하기 쉽게 암수 구분이 없는 생물을 생각해보자. 박테리아 등 암수 구분이 없는 생물은 번식할 때 자신의 유전정보를 복제해 배로 늘리고 몸이 두 개로 분열할 때 그 반이 새로운 몸에 들어가 원래 상태로 돌아간다. 무척 간단한 방법이다.

이때 처음에 자신이 지닌 유전정보가 얼마나 자녀에게 전달되는지를 생각해보자. 원래 지닌 것을 복제해 그것이 전부 자녀에게 전해지므로 전달률이 1임을 알 수 있다. 자녀는 유전적인 복제로 자신과 완벽히 똑같은 유전자를 지니게 된다.

한편 성을 지닌 생물, 즉 암수 구분이 있는 생물은 어떨까? 이배체 생물을 살펴보면 두 개의 유전체 중 하나를 생식세포에 전달해 이를 다른 개체가 만든 또 하나의 생식세포와 합체해 자녀를 이배체로 만든다.

이때 최초에 부모가 지녔던 유전정보 중 얼마만큼이 자녀에게 전달될까? 두 개였던 유전체 중 하나가 전달되므로 유전정보의 전달률은 0.5다. 즉 유성생식으로는 자신이 지닌 유전정보 중 반만 자녀에게 전달된다.

 유성생식과 무성생식

생물의 진화에 대해 떠올려보자. 진화의 원리는 여러 유형이 있고 그 유형들이 유전정보를 다음 세대에 전달할 때 각각 전달률에 차이가 있다면 그 전달률이 높은 것이 늘어나고 그런 성질을 지닌 것들만 남게 될 것이다.

이를 성에 대입해 생각하면 유전정보 전달률이 무성생식은 1, 유성생식은 0.5이므로 무성생식이 세대당 두 배나 유리하다. 그렇다면 생물은 무성생식인 것만 남는다고 해도 이상할 것이 없다. 그렇지만 실제로 대부분의 생물이 유성생식이다. 이는 큰 딜레마다.

유전정보의 전달률이 낮은 유성생식에서 불리함을 보충하고도 남는 유리함이 존재하기 때문이라고밖에 생각할 수 없다. 그 두 배의 불리함을 극복할 유리함이란 도대체 무엇일까? 성이 왜 이런 방식으로 진화했는지는 생명과학의 크나큰 수수께끼다.

물론 몇 가지 가설을 세울 수 있다. 하나는 환경이 항상 변하므로 자녀 안에 다양한 성질을 지닌 개체가 섞여 있는 편이 유리하다는 가설이다. 무성생식으로는 자손 안에 큰 유전적 다양성을 만들어낼 수 없지만 유성생식은 가능하다.

다양성이 없는 자녀라면 환경이 변했을 때 전멸할 우려가 있으므로 자녀에게 다양한 환경에서 살아남을 수 있는 다양한 유형의 개체가 있는 것이 오랜 시간 살아남을 수 있다는 얘기다. 효모를 사용한 실험에서 환경이 변했을 때 유성생식의 유형이 살아남는 데 유리하다는 결과를 얻었으며 암수 구분이 유리하다는 결과도 몇 가지 얻었다. 하지만 이것이 두 배나 되는 불리함을 상회할 정도로 유리하다는 것을 증명하는 것은 아니다.

이외에도 병이 존재하기 때문에 자녀의 유전자형을 계속해서 변형시키는 것이 유리하다는 가설이 있다. 바이러스와 같은 병원체는 개인에 침투했을 때 유전자형에 따라 결정되는 세포 표면의 단백질 구조를 이용한다. 이 구조에 따라 병원체가 적응진화하는 것이므로 현존하는 유전자형은 병에 걸리기 쉬워지는 반면 완전히 새로운 유전자형은 병에 걸리지 않아 살아남는다.

 ## 붉은 여왕 가설

하지만 병에 걸리지 않기 위해 변이된 유전자형이 늘어나면 병원체도 이에 대응해 적응진화하므로 결국 항상 새로운 형태가 유리해지기 마련이다. 이는 환경의 변화처럼 일어날지 일어나지 않을지 모르는 상황에 적응하는 것이 아니라 확실히 새로운 형태가 유리해지는 메커니즘이다.

이 가설은 '생물은 지금 상태에서 머물러 있을 수 없다'라는 점에서 『이상한 나라의 앨리스』에 등장하는 모두가 끊임없이 달리는 트럼프의 나라에 비유해 '붉은 여왕 가설(Red Queen's Hypothesis)'

이라 부른다. 하지만 이 역시 두 배의 불리함을 뛰어넘는지는 알 수 없다.

또한 돌연변이로 정상적인 유전자가 변화한 유해 유전자를 집단에서 버리는 것이 효율을 높이는 것은 아닐까 하는 의견도 있지만 역시 두 배의 불리함을 뛰어넘는지는 확실하지 않다. 성의 진화는 아직까지 커다란 수수께끼임에 틀림없다.

우리 연구 그룹은 성의 불리함은 실제로 두 배보다 훨씬 작지 않을까 생각했다.

성을 지닌 생물은, 즉 암수가 구분된 생물은 알을 만드는 암컷과 정자를 만드는 수컷으로 나뉘어 있지만 수컷은 자녀를 낳지 않으므로 수컷이 반 있으면 집단의 증식률이 반이 되기 때문에 성은 큰 불리함을 지닌 것으로 추측된다.

그러나 상황에 따라서 집단 안의 수컷 비율이 상당히 줄어들 때가 있어 이런 경우 성의 불리함은 두 배보다 훨씬 작아진다. 그렇다면 성의 이점이 적더라도 무성생식보다 유리할지 모른다.

실제로 유성형과 무성형이 함께 존재하는 총채벌레라는 곤충의 사례를 살펴보면, 이 곤충은 집단 안에 무성형이 많을 때 유성형의 수컷 비율이 줄어드는 것으로 밝혀졌다. 무성형과 경쟁이 심한 곳에서는 수컷 비율을 낮춰 불리함을 줄임으로써 그 상황에 대항하는 것이다.

어쨌든 성의 존재가 신기한 현상은 아니지만 그것이 왜 존재하는지에 대한 설명은 아직 완벽하지 않다. 정말 큰 수수께끼가 아닐 수 없다.

큰 생식세포와 작은 생식세포

성이 있으면 개체는 유전정보의 반을 전달해 생식세포를 만들고 생식세포끼리 합체해 이배체로 되돌아간다. 생물이 처음에는 성을 지니지 않은 박테리아와 같은 상태에서 진화해왔다고 추측되므로 생식세포도 처음에는 양성으로 같은 크기였을 것으로 여겨진다.

　그러나 현재 존재하는 유성생식 생물 대부분이 큰 생식세포(알)를 만드는 암컷과 작은 생식세포(정자)를 만드는 수컷으로 나뉘어 있다. 생물이 이와 같이 진화한 것은 그럴만한 이유가 있다. 여기서는 왜 수컷과 암컷이 생겼는지에 대해 살펴보자.

처음에는 같은 크기의 생식세포들이 합체해 수정란을 만들었을 것이다. 이때 수정란에서 탄생한 자녀의 크기를 생각해보면 작은 수정란에서는 작은 자녀가, 큰 수정란에서는 큰 자녀가 생길 것이다.

너무 작은 자녀는 죽기 쉬우므로 수정란의 크기와 자녀의 생존율에는 비례관계가 있다고 생각할 수 있다. 하지만 몸집이 크다고 좋은 것은 아니어서 어느 정도 이상 크면 충분히 살아남을 수 있으므로 그 정도보다 큰 자녀는 자원낭비가 된다.

따라서 최초의 생식세포는 커지도록 진화해왔지만 어느 정도 커지면 알의 크기 진화가 멈춘다. 이때 배신자가 등장한다. 상대방이 지닌 자원으로 자녀가 충분히 커질 수 있다면 자신은 생식세포를 크게 만드는 데 투자하는 대신 많이 만드는 쪽에 투자하는 것이다. 그것이 많은 자녀를 남길 수 있기 때문이다. 이렇게 작은 생식세포를 만드는 수컷이 탄생했다. 수컷은 배신자였던 것이다.

 ## 수컷의 전략과 암컷의 전략

일단 수컷이 생기면 암컷은 생식세포를 작게 만들 수 없다. 작은 자녀는 죽기 쉬우므로 자신의 생식세포를 작게 만들 수 없는 것이다. 이렇게 암컷과 수컷의 유성생식이라는 패턴이 확립했을 것이다.

이러한 상황이 당연시되면 더욱 진화가 일어난다. 수컷의 전략은 '많이 공략하면 그중 하나는 맞는다'이므로 상대방의 조건은 따지지 않는다. 충분한 크기의 알을 만들어주는 암컷이라면 누구든 상관없다. 가끔 좋지 않은 암컷을 만나도 정자는 금세 충전되어 다음 암컷을 찾으면 된다.

그러나 암컷은 수컷과는 다르다. 알에 많은 자원을 투자했기 때문에 알을 쓸데없이 낭비하면 큰 손해를 보기 때문이다. 따라서 암컷은 교배 상대인 수컷이 좋은 수컷인지를 알아보고 합격한 경우에만 수정을 허락하도록 진화했다.

매력을 호소하기 위해 노력하는 수컷

수컷과 암컷의 행동 차이가 다양한 진화를 가져왔다. 예를 들어 좋은 암컷을 얻기 위해 수컷은 무기 형태를 진화시켜 암컷을 둘러싸고 수컷들끼리 싸우는 행동이 나타났다. 또한 자신은 좋은 수컷이라는 것을 암컷에게 과시해 자신을 선택하도록 하는 공작과 거피 같은 화려한 수컷도 진화했다.

그림 9. 각다귀붙이의 구애작전

이런 동물 중에 각다귀붙이라는 곤충은 특이한 행동을 발달시켜왔다. 먹이를 잘 못 잡는 인기 없는 수컷은 큰 먹이를 잡는 수컷에게 암컷인 척 다가가 먹이를 빼앗는다. 그리고 자신이 잡은 것처럼 암컷에게 선물해 교미에 성공하는 행동을 보이는 것이다.

이와 같이 자웅 간에 볼 수 있는 실로 다양한 현상이 암컷과 수컷이 있다는 사실에서 파생해 진화한 것이다. 남녀라는 것이 있기 때문에 인생이 복잡해지는 것은 인간이나 생물이나 똑같다.

인간의 몸은 이배체, 생식세포는 일배체

생명과학 시간에 식물 현상으로 해설되는 세대교번(생식방법이 다른 세대가 주기적으로 번갈아 나타나는 현상)과 **핵상교번**(유성생식을 하는 생물의 경우 단상세포와 복상세포가 규칙적으로 교대로 나타나는 현상)에 대해 배웠을 것이다. 그때 선태식물은 생식세포가 있고 난자와 정자가 만들어져 수정해 포자체가 만들어지고 양치식물은 몸체가 포자를 만들어 포자에서 전엽체가 나타난다는 설명을 들었을 것이다. 그러나 그것이 무슨 의미인지도 모르고 외운 사람이 대부분일 것이다. 나도 그중 한 사람이었다.

하지만 잘 생각해보면 이런 현상은 일관된 논리로 이해할 수 있고 그 논리가 성립한 가운데 경우에 따라 변화가 일어나는 것뿐이라고 정리할 수 있다. 그럼 한번 살펴보자.

유성생식 생물은 동물, 식물 관계없이 유전체를 두 개 지닌 상태의 몸에서 유전체가 하나만 있는 세포를 만든다. 그리고 이것이 합체해 다시금 이배체의 몸으로 되돌아간다. 성이라는 시스템을 유지하면서 세대를 반복해가는 동안에는 이 방법은 무척 효율적이다.

예를 들어 인간이라면 평소의 우리는 이배체의 몸으로 난자와 정자만이 일배체인 상태다. 식물의 경우에는 보통 우리가 접하는 나무와 풀은 이배체로 꽃가루나 암꽃술 안의 난세포만이 일배체 상태다. 즉 모든 이배체 유성생식 생물은 이배체 상태와 일배체 상태인 주기를 반복해 생활한다. 이처럼 간단하다.

동물은 이배체인 몸이 본체로 난자와 정자를 만들 때만 유전체를 반으로 줄인다(감수분열). 그리고 정자와 난자는 성장하지 않고 그대로 수정한다. 이렇게 다시 이배체가 된 수정란이 성장해 다음 세대의 개체가 된다.

이는 우리 인간도 마찬가지이므로 무척 이해하기 쉽다. 풀이나 나무 등의 고등식물도 같은 방식으로 번식한다. 그런데 어떤 종의 식물은 이배체와 일배체 중 하나가 눈에 보이는 식물체를 만들어낸다.

 ## 양치식물은 일배체일까, 이배체일까

지금부터 설명하는 내용이 이해하기 어려운 부분이다.

예를 들어 양치식물은 평소의 본체는 이배체의 몸인데 그 몸으로 감수분열을 해 일배체의 포자를 만든다. 이 포자가 발아해 성장하고 작은 일배체인 식물체(전엽체)를 만든 다음 난세포와 정자가 만들어진다. 난세포와 정자는 수정해 다시금 이배체가 되고 그때부터 양치 본체가 성장한다. 즉 이배체일 때와 일배체일 때 모두 식물인 몸체를 지니고 있다. 인간으로 생각하면 난자와 정자가 성장해 인간의 몸을 하고 있는 것과 같다.

양치식물의 경우 평소 눈으로 보는 식물체가 이배체(복상複相)이므로 고등식물이나 동물과 비슷하다. 선태식물(이끼식물이라고도 하며 분류학상 양치식물에 가깝다)의 경우 눈에 보이는 선태 본체(배우체)가 일배체(단상)다. 그리고 장란기와 장정기라 불리는 기관이 만들어지고 일배체인 배우자, 즉 난세포와 정자가 생성된다.

이것이 수정해 이배체인 수정란이 생기면 배우체에서 성장해 난세포를 만드는 이배체의 작은 포자체가 생긴다. 여기서 감수분열이 일어나 일배체의 포자가 생기고 그것이 새로운 배우체로 성장하는 주기로 되돌아간다.

이 과정에서 배우체, 포자체, 복상, 단상 등 여러 용어가 많이 나오므로 이해하기 어렵지만 이배체의 세대(무성세대)와 일배체의 세대(유성세대)가 두 가지 몸을 갖고 수정과 감수분열을 함에 따라 그 과정을 반복하는 것뿐이라고 정리하면 이해하기 쉽다.

왜 식물에 따라 이배체와 일배체로 본체가 나뉘어 있는 걸까? 여기에도 이유가 있다. 원래 생물에는 성이 없었으므로 일배체만의 몸으로 살아왔다.

아주 오래전에 성도 없고 동물도 없었을 때 모든 생물은 일배체인 식물이었다. 따라서 일배체의 성장으로 몸을 만들어 생활했을 것이다. 그런데 다른 개체에서 온 유전체와 합체하는 것이 유리해 성이 진화하자 핵상교번(이배체-일배체의 교대)이 일어나지 않으면 다음 세대를 생산할 수 없게 된 것이다.

처음에는 일배체의 몸이 본체로 생식세포를 만들어 그것이 수정해 이배체가 되었을 것이다. 이배체의 몸은 염색체 수를 반으로 줄이는 감수분열이 일어나지 않으면 일배체로 돌아가지 못하므로 이배체의 몸은 이를 행할 기관이 되어야 했다. 이렇게 이배체일 때의 몸이 만들어진 것이다.

에이리언의 정체는?

선태식물에서 진화해온 양치식물이나 고등식물은 바로 이배체의 몸이 본체가 되고 원래 본체였던 일배체의 몸은 퇴화해 전엽체와 같이 작아지거나 고등식물과 동물처럼 몸을 잃어버리고 정자와 난자라는 세포만 남게 되었다. 그러므로 선태 – 양치 – 고등식물(동물)로 변화한 세대교번과 핵상교번의 과정에는 다양한 진화의 역사가 담겨 있다.

'선태는 어떻고 양치는 어떻다'라는 지식만을 나열하면 무슨 말인지 전혀 이해할 수 없다. 하지만 앞서 설명한 식물 진화의 역사와 성의 구조를 알고 있으면 흐름을 이해하는 것이 그리 어렵지 않을 것이다. 물론 전엽체라든가 생식세포가 무엇을 나타내는지는 암기가 필요하지만 그래도 전체를 통째로 외우는 것보다는 훨씬 쉽다.

예전에는 아무것도 알지 못했기에 개별 사례가 어떻게 되었는지를 기술하는 것이 필요했고 그것을 바탕으로 진리를 찾아가야 했지만 현대의 생명과학에서는 왜 그런 상태가 되었는지가 이미 알려져 있다. 따라서 그 논리에 따라 전체의 흐름을 이해하면 훨씬 간단히 이해할 수 있을 것이다.

그런데 영화 〈에이리언(Alien)〉에 등장하는 게 비슷한 모양으로 사람 머리에 붙은 괴물은 이배체와 일배체 중 어느 것일까? 그리고 에이리언의 정체는?

그 괴물은 양치와 선태를 모델로 만들어진 것이니 한번 생각
해보는 것도 재밌을 듯하다.

암컷의 몸에 독을 주입하는 수컷 파리

암컷과 수컷은 양쪽이 함께 새로운 세대를 만들어내는 존재다. 암컷과 수컷이 협력하는 것은 당연하다고 생각할지 모른다. 하지만 동시에 양쪽이 따로따로 유전정보를 지녔고 자기복제를 이뤄가는 단위이기도 하다. 진화는 자기복제를 이루는 독립된 기능적 단위로 진행된다. 따라서 암컷과 수컷 사이에는 깊은 강이 있으며 경우에 따라서 치열한 싸움이 벌어지기도 한다.

예를 들어 파리의 어떤 종은 교미할 때 수컷이 암컷의 몸 안에 정자와 함께 독을 주입하는 것으로 밝혀졌다. 몸에 독이 들어간 암컷은 약해지다가 곧 죽는다. 암컷이 오래 사는 편이 자신의 자녀를 늘리는 방법이 아닐까? 수컷은 도대체 왜 이런 행동을 하는 걸까?

하지만 이것도 수컷에게는 적응 행동이라는 것이 밝혀졌다. 약해진 암컷은 갖고 있는 모든 자원을 알 생산에 투자해 평소의 상태보다도 알을 많이 낳는다. 독을 맞지 않고 살아남을 경우 암컷은 다른 수컷과 차례로 교미하므로 처음에 교미한 수컷의 정자는 거의 사용되지 않는다. 따라서 수컷 입장에서는 암컷에 독을 주입해 자신의 정자를 사용한 수정란을 많이 낳는 편이 유리한 것이다.

 흰개미와 왕족 커플

수컷은 상대방의 입장은 생각지 않는다. 자신의 이익을 얼마나 크게 만들 것인지를 생각해 행동할 뿐이다. 정말 비정하다. 하지만 이런 논리는 인간의 가치관이기 때문에 동물은 이와 같은 관점에서 행동하지 않는다. 이는 암컷도 마찬가지다. 수컷과의 사이에 이해대립이 발생하면 될 수 있는 한 자신이 이득을 얻을 수 있도록 행동한다.

흰개미는 개미나 벌과 마찬가지로 사회성 곤충이다. 그러나

흰개미는 개미나 벌과 달리 여왕 이외에도 왕이 있어 시종일관 교미한다. 이 왕족 커플은 결혼 비행으로 만난 커플로 썩은 나무 안에 잠입해 일하는 개체인 딸과 아들을 만들어 최초의 콜로니를 시작한다. 여왕은 곧 비대해져 엄청난 수의 알을 낳는 산란기계가 된다.

일본흰개미라는 종류는 몇 년이 지나면 여왕이 죽고 왕만이 살아남는다.

하지만 딸 중에서 보충생식충이라는 새로운 여왕이 성장해 왕과 함께 또다시 일하는 개체를 생산한다. 보충생식충으로 자란 여왕은 몇 마리나 있어 오래된 콜로니에서는 한 마리의 왕과 몇십 마리의 보충여왕도 볼 수 있다. 보충여왕은 여왕의 딸이므로 일본흰개미와 같은 유형에서는 아버지와 딸 사이에 근친교배가 이루어진다고 예전부터 여겨져왔다.

그런데 근친교배라면 이상한 점이 있다. 보충생식충이 아버지의 딸이라면 딸 안에는 아버지 유전체의 반이 들어 있을 것이다. 그 딸이 아버지와 교미해 다음 세대의 개미를 낳는다면 이는 개미 중에 0.5보다 높은 비율로 아버지의 유전체가 포함된 것이 된다. 즉 왕족 커플 중 아버지만이 많은 유전자를 남기며 최초 여왕의 유전자 비율은 점점 줄어들게 된다.

개체가 이득을 얻지 못하는 것은 집단에 이익이 되어도 진화하지 않으므로 이것은 이상한 현상이 아닐 수 없다.

여왕은 죽지 않는다?

하지만 최근 연구에서 초대 여왕은 놀라운 방법을 사용해 왕이 일방적으로 이득을 보는 것을 막는다는 것이 밝혀졌다. 여왕은 일하는 개체와 다음 세대의 개미를 만들 때는 수컷의 정자를 넣어 유성생식을 하지만 보충생식충인 딸을 만들 때는 정자를 넣지 않고 자신의 유전체만 전달한다.

즉 유성생식과 단위생식(무성생식)을 상황에 따라 구분해 활용하는 것이다. 그렇다면 보충생식 여왕은 어머니 여왕의 유전자 구성과 완전히 똑같은 유전자 구성을 지니므로 왕이 이것들과 교미해도 죽은 여왕과 교미하는 것과 유전적으로는 차이가 없어 여왕은 결국 손해를 보지 않는다. 자신이 죽어도 자신을 대신할 개체가 있는 것이다. 즉 여왕은 유전적으로 불사신이다.

암컷과 수컷은 서로를 필요로 하지만 각각이 진화의 단위인 쌍은 가능한 자신이 이익을 볼 수 있는 진화의 원리에 따라 자손을 남기면서 치열한 경쟁을 반복하고 있다.

 ## 에메리개미의 특이한 생식방법

번식을 위해 암컷과 수컷이라는 상대방을 필요로 하면서도 서로 치열한 경쟁 상대인 관계가 만들어낸 최고의 생물이 있다. 그것은 수컷과 암컷이 별종인 특이한 생물이다.

보통 암컷 속의 유전체와 수컷 속의 유전체는 자녀의 몸 속에서 염색체에 따라 생식세포로 분리되거나 염색체 간에 DNA를 재조합해 섞인다. 따라서 동종 개체 안에는 암컷과 수컷으로 유전자 구성이 나뉘어 있지 않다. 그러므로 '동종'이다. 하지만 세상은 넓기에 이 상식이 해당되지 않는 생물도 존재한다.

그 생물은 다름 아닌 개미와 비슷한 종이다. 불개미, 에메리개미와 같은 개미의 경우 일개미는 수컷과 암컷의 유전체를 섞은 유성생식이지만 다음 세대의 여왕은 현재의 여왕이 단위생식으로 자신의 복제품을 만든 것이다.

에메리개미의 유전자를 분석하면 수컷과 암컷의 유전자 염기 배열이 다르거나 일개미는 암컷의 유전자와 수컷의 유전자를 혼합한 몸체로 존재하며 암컷은 여왕과 같은 유전자형을 갖고 있는 것을 확인할 수 있다. 그리고 수컷은 수컷대로 독자적인 유전자형을 지니고 있었다.

몇몇 지역을 다니며 수컷과 암컷의 유전자형을 조사해도 암컷은 암컷끼리 수컷은 수컷끼리 같은 유전자형을 지니고 있었다. 또한 분석 결과 암컷과 수컷의 유전자는 나뉘어진 지 몇 만 년이나 지났다는 것을 알 수 있었다. 이는 도대체 어떻게 된 현상일까?

수컷이 되는 알의 유전체가 암컷에게 전달된다면 수컷은 암컷과 같은 유전자를 지니고 있을 것이며 수컷만이 독자적인 유전자를 지니고 있다는 것과 모순된다. 하지만 에미리개미의 일개미는 산란하지 않으므로 수컷이 되는 알은 여왕이 만든다. 사실 여왕이 생산한 알의 일부는 수컷에서 발생한다는 사실이 밝혀졌다.

또한 핵 유전체와는 다른 DNA를 지녔음이 유전적으로도 확인

되었다. 어머니로부터 전달받은 미토콘드리아의 유전자배열에 따른 검증을 통해 수컷은 여왕에서 유래한 알에서 탄생했다는 사실을 알 수 있다. 이런 상황을 생각하면 수컷은 수정란에서 암컷 유전체가 상실되거나 암컷 유전체를 전혀 포함하지 않는 특별한 알에 정자가 들어가 그 알에서 탄생한다고 추정할 수 있다.

수컷에게 '아들'을 만들게 한다

즉 암컷은 새로운 여왕을 낳을 때 단위생식을 반복하고 수컷은 '아들'을 단위발생적으로 생산하는 것이다. 그러니까 암컷과 수컷은 유전적으로 나뉘어 있으며 이 유전체가 섞이지 않으면 '별종'인 것이다. 그럼에도 수정란에서 일개미를 만든다. 이는 진정 놀라운 시스템이다.

보통 암컷이 단위생식을 하면 자녀를 남기기 위해 수컷이 필요하지 않으므로 수컷은 사라진다. 이렇게 암컷만으로 번식하는 생물은 많으며 개미 중에서도 여왕이 일개미를 복제 번식으로 만들어 수컷이 없는 종류도 있다.

하지만 에메리개미를 비롯한 몇몇 개미는 수컷이 남아 있다. 그 이유는 이들 개미로는 어떤 이유로 암컷과 수컷의 유전체를 섞지 않으면 일개미를 만들 수 없기 때문이라 여겨진다.

개미는 사회성 동물이므로 여왕이나 수컷은 자신이 살아남기 위해 일개미가 필요하다. 일개미를 생산할 수 없으면 바로 쇠퇴한다. 만약 암컷과 수컷이 가진 다른 성질의 DNA를 합하지 않으면 일개미를 만들 수 없다면, 여왕이 단위생식이 가능해도 이 때문에 균질해진 유전체는 아무리 섞어도 일개미를 만들 수 없으므로 암컷만으로 단위생식을 반복하는 방법은 소용이 없다.

그래서 수컷에게 '아들'을 만들게 하는 놀라운 일이 발생한 것은 아닐까? 그 결과 암컷과 수컷이 '별종'이 되어버린 것이다.

연구자들은 에메리개미의 유전체를 분석해 왜 이런 일이 발생했는지 지금도 계속해서 연구·조사하고 있다.

이와 같은 현상도 개개의 유전자가 가장 유리한 방향으로 진화가 일어난다는 기본 원칙을 감안하면 쉽게 이해할 수 있다.

하지만 동시에 유전체를 섞지 않으면 일개미를 만들 수 없고 존속하기 위해 일개미가 필요하다는 이들 종의 특이한 제약 조건이 무엇을 실현할 것인지를 결정한다. 그런 의미에서도 유전은 우연과 필요에 지배되고 있다고 할 수 있다.

신경의 구조

최초의 생물은 틀림없이 단세포였지만 다세포로 진화해 복잡한 기관을 갖추게 되었고 이때 상황에 따라 각 기관을 제어하는 시스템이 필요하게 되었다. 이를 위해 탄생한 구조가 신경계다.

신경은 얇고 긴 여러 신경세포가 이어져 있는 것으로 자극을 받으면 얇고 긴 부분(축삭돌기, 뉴런에서 뻗어 있는 돌기 가운데 가장 길며 다른 뉴런에 신호를 전하는 기능을 한다)에서 전기가 발생해 자극을 받은 부분에서 양방향으로 전달된다. 세포의 말단까지 흥분이 전달되면 한쪽에서만 신경전달물질이 나온다.

인접한 신경세포에는 신경전달물질에 특이하게 반응하는 수용체라는 것이 있으며 전달물질을 받으면 거기서 전위(電位, 전하가 갖는 위치에너지)가 발생한다.

그리고 축삭돌기를 통해 흥분이 이동하고 다시 전달물질로 다음 신경세포로 흥분이 전달된다. 이처럼 여러 신경세포가 전달물질에 따라 흥분을 전달하는 구조로 인해 어디서 자극을 받아도 신경세포의 연결은 한 방향으로만 흥분을 전달할 수 있다.

신경은 한 방향으로만 자극을 전달할 수 있어 감각을 받아들이는 말단조직과 충주인 뇌 사이에는 두 개의 신경계가 준비되어 있다. 각각이 역방향으로 자극을 전달하게 되어 있으며 말단에서 받은 자극을 뇌에 전달하면 뇌에서 말단으로 지령을 전달하게 되어 있다.

 ## 교감신경과 부교감신경은 어떤 일을 할까

근육 같은 경우는 위에서 설명한 것만으로 충분하지만 특정 기능을 지닌 장기 등을 제어할 때는 그 기능을 강화하기 위한 신경과 약하게 하기 위한 신경이 필요하다. 이를 위해 준비된 것이 자율신경계인 교감신경과 부교감신경이다.

이들 신경계는 다양한 기관에 대해 작용하며 한쪽이 촉진적으로 작용하면 다른 한쪽은 제어적으로 작용함으로써 그 효과를 상쇄시킨다. 이를 길항작용이라 한다. 이 작용은 아래의 〈표 5〉 와 같다.

교감신경은 기본적으로 혈압을 높이고 혈류를 늘리는 작용을 하는데, 소화관이나 생식기에는 반대로 혈류를 낮추도록 작용 한다. 따라서 각각의 기관에 대한 작용은 하나하나 외워야 하며 항목이 많은 만큼 귀찮기도 하다.

하지만 진화라는 관점에서 교감신경과 부교감신경의 움직임

표 5. 교감신경과 부교감신경의 길항작용

	교감신경	부교감신경
심박수	빨라진다	느려진다
혈압	상승	하강
호흡운동	빨라진다	느려진다
소화작용	약하게 만든다	강하게 만든다
혈당치	증가시킨다	감소시킨다
동공	확대	축소
혈관	수축	확장
근육계	혈류 증가	혈류 감소
생식기	혈류 감소	혈류 증가

을 생각하면 이 표를 외울 필요가 없다.

한마디로 교감신경은 적과 만났을 때 등 비상사태에 대처하는 움직임, 부교감신경은 그 비상사태를 해제하는 움직임을 보인다는 것만 머릿속에 집어넣으면 된다. 이 원칙에 따르면 표에 적힌 움직임은 모두 예측할 수 있다.

적과 싸우지 않고 도망친다고 해도 운동기관에 혈액을 보내기 위해 심박수는 증가하고 혈압은 상승한다. 상대방을 잘 보기 위해 동공을 크게 넓히고 운동에 필요한 효소를 얻기 위해 호흡이 빨라야 할 필요가 있다.

동시에 소화기관이나 생식기와 같은 전투에 필요 없는 기관으로 가는 혈류는 억제한다. 이렇게 생각하면 혈류 촉진이라는 관점에서만 설명할 수 있는 교감신경의 움직임도 모두 하나의 원칙에 따른다는 것을 알 수 있다. 물론 부교감신경은 교감신경의 움직임을 해제하기 위해 움직인다.

따라서 이 표에 없는 기관에 대한 움직임도 예측할 수 있다. 즉 모든 경우를 외울 필요 없이 각각의 기관이 어떤 일을 하고 있는지를 알고 긴급사태에는 어떻게 움직여야 하는지만 생각하면 된다.

생물은 환경에 적응하도록 자연선택을 받아온 기능체라고 할 수 있다. 생물이 지닌 시스템 또한 맞닥뜨린 상황이나 환경에 대해 신체를 적절하게 제어하도록 되어 있다. 이런 관점에서 생각해보면 교감신경 – 부교감신경의 작용도 이렇게 간단하게 이해할 수 있다.

생물 현상을 관통하는 원리를 이해하라

이 책을 쓰면서 다양한 생물 현상에 대해 어떻게 설명하면 좋을지를 늘 염두에 두고 있었다. 생명이 나타내는 현상은 무척 다양하다. 하지만 처음 출현했을 때부터 생명은 자립한 기능적인 단위로 진화의 원리에 따라 계속 변화해왔다.

하지만 왜 이렇게 다양해진 것일까? 이것에도 이유가 있다. 생명은 생존에 유리해지는 적응적 변화가 일어나면 머지않아 전부가 그런 집단으로 바뀌어가는 '하나의 원리'를 관통하고 있다.

또한 생존에 유리해지기 위해 그때 쓸 수 있는 재료는 무엇이든 사용해왔다. 이 '또 하나의 원리'가 서로 관계없어 보이는 생물의 다양한 현상을 촉진시켰다.

따라서 생물은 최적의 단계로 진화해간다는 큰 원리를 따르면서 동시에 상당히 다양하다는 특징을 지니고 있다. 이것이 생명과학을 어렵게 만드는 이유다.

고교 생명과학 교과서를 보면 알겠지만 다양한 현상이 서로 어떤 연관성을 갖는지 설명되지 않은 채 소개되어 있어 외워야 할 것이 산처럼 많아 보인다. 나도 과거에 생명과학을 배울 때 큰 불만을 느꼈다.

왜 이렇게 외울 것이 많은 것인가? 하지만 진화 현상을 전공하고 생명을 관통하는 원리를 깨닫고 나니 하나하나의 항목도 더욱 쉽게 이해할 수 있게 되었다.

이 책에서는 이런 다양한 현상을 관통하는 생각을 제시하고 독자들이 이것을 가능한 일관되게 이해할 수 있도록 하기 위해 애썼다.

학문의 본질은 다양한 현상이 어떻게 되어 있는가를 나열하고 기록하는 것이 아니라 그것들의 상호관계와 귀결을 일관된 논리로 말하고 체계화해 이해하는 것이다.

진화는 매우 이론적인 학문으로 나에게 잘 맞았다. 진화라는 것을 기준으로 생물 현상을 생각하면 정말 이해하기 힘들었던

정보도 더욱 외우기 쉽게 머릿속에 일목요연하게 정리되었다.

고등학교는 물론이고 대학에서도 대부분 진화의 원리나 그 학문에 대해 가르쳐주지 않는다. 교사도 교과서를 쓴 사람도 생물의 경이로운 다양성을 하나의 기준으로 삼아 이해하려 하지 않기 때문이다. 이는 사실 기가 막힐 노릇이지만 이것이 과학교육의 슬픈 현실이다.

어떤 일에도 이유가 있다. 그리고 그 이치를 밝히는 것(설명하는 것)이야말로 학문이 나아가야 할 목표다. 이해할 수 없는 것을 이해하는 것은 불가능하며 그러면 처음부터 외울 수밖에 없다. 이렇게 생명과학 과목을 싫어하는 사람을 만드는 것이 현재 교육의 가장 큰 문제다.

이 책은 지금의 교육 현실에 조금이나마 저항하고자 한다. 물론 내가 현재 생명과학 담당 교사가 가르치는 방식과 교과서를 바꿀 수는 없다. 하지만 이 책을 읽은 몇몇 사람은 생명과학이란 이렇게 이해할 수 있다거나 의외로 논리적인 학문이라는 것을 이해할 수도 있을 것이다. 또한 지금 고등학생이며 생명과학 시험에서 좋은 점수를 받고 싶은 사람에게 도움을 줄 수 있다면 이 책을 쓴 보람이 있을것이다.

생물 현상은 결코 어렵지 않다. 놀랄 만한 다양성을 가진 것은 사실이지만, 매우 단순한 원리와 기본적인 생리적, 화학적 조건을 통해 진화를 거듭해온 것이 생물이다. 이를 하나씩 이해해가면 생명의 수수께끼는 스스로 모습을 드러낼 것이다.

새하얀 삿포로에서 하세가와 에이스케

재밌어서 밤새 읽는 생명과학 이야기

1판 1쇄 인쇄 | 2014년 10월 27일
1판 11쇄 발행 | 2023년 2월 3일

지은이 | 하세가와 에이스케
감수자 | 조미량
옮긴이 | 정성헌

발행인 | 김기중
주간 | 신선영
편집 | 백수연, 민성원, 정진숙
마케팅 | 김신정, 김보미
경영지원 | 홍운선

펴낸곳 | 도서출판 더숲
주소 | 서울시 마포구 동교로 43-1 (04018)
전화 | 02-3141-8301
팩스 | 02-3141-8303
이메일 | info@theforestbook.co.kr
페이스북 · 인스타그램 | @theforestbook
출판신고 | 2009년 3월 30일 제2009-000062호

ISBN 978-89-94418-78-0 03470